# 透平机械关键零部件
## ——数值计算方法

# The Key Components of Turbomachinery
## The Numerical Computational Methods

隋永枫　蓝吉兵　初　鹏　著

科学出版社

北　京

# 内 容 简 介

本书是一本关于汽轮机和燃气轮机等透平机械关键零部件数值计算方法的专著，结合作者十几年来在该领域的研究成果，系统介绍了透平机械叶片、转子、汽缸、管道等关键零部件的设计、分析和校核方法。书中介绍了作者多年工作中遇到的实际工程案例，具有较高的参考价值和工程应用价值。

本书可作为汽轮机、燃气轮机等透平机械领域专业高年级本科生和研究生的参考资料，也可供相关专业研究人员和工程技术人员参考。

**图书在版编目(CIP)数据**

透平机械关键零部件：数值计算方法/隋永枫，蓝吉兵，初鹏著. —北京：科学出版社，2022.6

　ISBN 978-7-03-072270-6

Ⅰ. ①透…　Ⅱ. ①隋…　②蓝…　③初…　Ⅲ. ①透平机械-零部件-数值计算　Ⅳ. ①TK14

中国版本图书馆 CIP 数据核字（2022）第 082621 号

责任编辑：刘信力　田轶静／责任校对：彭珍珍
责任印制：吴兆东／封面设计：无极书装

**科 学 出 版 社** 出版
北京东黄城根北街 16 号
邮政编码：100717
http://www.sciencep.com

**北京建宏印刷有限公司** 印刷
科学出版社发行　各地新华书店经销
\*
2022 年 6 月第 一 版　　开本：720×1000　B5
2022 年 6 月第一次印刷　　印张：12
字数：239 000
**定价：128.00 元**
（如有印装质量问题，我社负责调换）

# 前　言

透平机械也称为叶轮机械和涡轮机械，包括各类汽轮机、燃气轮机、压缩机、风机、泵等，被广泛应用于石化、电力、冶金、航空、舰船等领域，涉及固体力学、流体力学、气体动力学、传热学、热力学、燃烧学、材料学、工艺学、结构优化、机械设计、试验等学科，是一类多学科交叉融合的高精尖产品，该类产品的研发也是一项多领域高端技术耦合的复杂创新工程。

最近几年，数值计算方法取得了跨越式的发展，被广泛应用于汽轮机和燃气轮机等透平机械的设计与分析中，对透平机械的技术进步发挥了不可或缺的作用。本书正是针对这一趋势，结合作者十几年来在该领域的研究成果，以近些年发展起来的计算固体力学和计算流体力学等大规模数值计算方法为主要依托，针对汽轮机和燃气轮机主要零部件的强度、振动、气动、转子动力学等设计需求而编写的，内容涵盖基本定义、主要公式、经验数据、计算方法、评定标准及工程算例等方面，形成了一套较为完整的汽轮机和燃气轮机关键零部件的设计评价体系。本书从汽轮机和燃气轮机设计研发实际需求出发，结合数值计算方法，力求从工程问题中剖析出本质原因，并提出了分析方法和准则。书中提出的方法都具有可操作性，适用于工程实际；同时，也基本反映了各学科的发展现状和趋势，内容相对完整。本书着眼于数值计算，对于之前的传统方法并没有详细介绍，有兴趣的读者可查阅书后所列的参考文献。

全书共 8 章，第 1 章主要介绍叶片及轮缘离心应力、气流弯应力以及高温叶片疲劳和蠕变等计算方法；第 2 章主要介绍叶片、叶片–轮盘耦合振动分析以及整圈自锁叶片动频计算方法等；第 3 章主要介绍叶片动频试验方法、试验流程及相关案例；第 4 章主要介绍叶片振动强度校核方法和安全准则；第 5 章主要介绍转子动力学理论及相关案例；第 6 章主要介绍汽缸及管道的应力和热胀位移计算方法；第 7 章主要介绍排汽缸气动性能计算以及相关的优化改型方法；第 8 章主要介绍工业汽轮机和燃气轮机叶片相关事故案例。

本书主要面向透平机械相关专业的研究生和工程技术人员，书中力求应用数值计算方法来解决透平机械中遇到的实际问题，对透平机械制造企业的设计、试验、生产以及高等院校的教研工作都具备较高的参考价值，对透平机械行业的技术发展将起到积极作用。希望能够对读者有所帮助。

光阴似箭、时光荏苒，我已从事透平机械相关工作近二十年，特别是在工业汽轮机和燃气轮机的设计和研发方面投入了非常多的时间和精力，书中介绍的数值计算方法大多是基于工程应用的角度开展讨论的，谨以此作为我多年工作的一个总结。同时，由于本人水平所限，对一些问题的研究和认识也不是很全面和完善，书中难免会有一些疏漏，欢迎广大读者批评指正。

感谢杭州汽轮机股份有限公司对我多年的培养，让我从一个初出校园的博士逐渐成长为一名具有实践经验的工程设计人员，感谢郑斌、叶钟、孔建强等领导的支持，感谢孙义冈老师对我的帮助，感谢研发团队各位同事的共同努力，使我能够在这个领域深入地开展研究工作。感谢我的爱人周娜和家人对我工作的支持。在此谨对帮助过我的人表示诚挚的谢意。

本书获得了国家自然科学基金 (U1809219)、浙江省重点研发计划项目 (2008C01063、2020C01088) 等支持。在本书的编写过程中，我们还得到了庄达明、潘慧斌、屠瑶、郑飞逸、余沛坰、魏佳明、赵鸿琛、张宇明等同事的协助，在此一并表示衷心感谢。

作 者

2022 年 3 月

# 目　　录

# 第 1 章　叶片强度计算

## 1.1　引　　言

叶片是工业汽轮机的主要零部件之一，它的作用是将高温高压蒸汽所具有的热能转换为机械能[1,2]。为了确保能量顺利地、最大限度地转换为有用功，叶片强度具有非常重要的地位，关系到机组的安全可靠性。本章主要介绍叶片的有限元强度计算方法[3,4]。

## 1.2　叶片结构介绍

动叶片的结构一般可分为叶型、叶根、叶顶及连接三个部分[4,5]。

### 1.2.1　叶型部分

叶型部分是叶片的工作部分 (图 1-1)，主要负责功能转换，既要满足通流气动热力学的性能要求，又要满足结构强度和加工方面的要求。

图 1-1　叶片示意图

叶型可以分为等截面和变截面。当 $\dfrac{D_\mathrm{m}}{l} > 10$ 时 ($D_\mathrm{m}$ 是级的平均直径，$l$ 是叶片高度)，由于沿叶片高度气流参数和反动度变化不大，可采用等截面叶片，该类叶型沿叶高是相同的，加工简单但是无法实现等强度设计；当 $\dfrac{D_\mathrm{m}}{l} < 10$ 时，由于气流参数沿叶高变化剧烈，要求各个截面具有不同的安装角以实现叶型的高效

率，该类叶型沿叶高是变化的，可实现叶片的等强度设计。图 1-2 和图 1-3 给出了某叶片沿叶高的型线分布，以及相应的各截面厚度沿叶高的变化规律[6]。

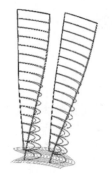

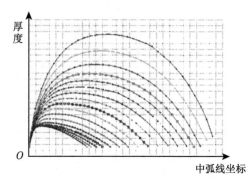

图 1-2　叶片及截面示意图　　　　图 1-3　叶片截面厚度变化示意图

## 1.2.2　叶根部分

叶根是将叶片固定在叶轮或转毂上的部分。叶根的结构形式取决于强度设计、加工条件、各制造公司的习惯以及转子的结构形式。目前国内外采用的叶根形式主要有以下几种。

(1) T 形和外包 T 形叶根 (图 1-4)：这种叶根由于结构简单，加工装配方便，工作可靠，在比较短的叶片中普遍采用。该类叶片由于离心力对轮缘两侧产生弯矩，所以轮缘有张开的趋势，容易引起较大的弯曲应力；而外包 T 形叶根在上述形式的基础上增加了两个外包小角，它们的作用是：当轮缘在离心力作用下张开时，外包小角上的反弯矩可部分抵消轮缘的张开弯矩，在同样的应力条件下，可减小轮缘宽度。

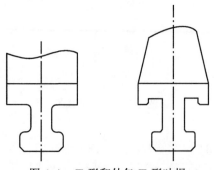

图 1-4　T 形和外包 T 形叶根

(2) 双 T 形、外包双 T 形叶根 (图 1-5)：在大功率、高转速机组中，由于叶片离心力较以往大大增加，有时需要采用承载能力更强的双 T 形叶根，该类叶根的缺点是两个承载面精度要求很高；与外包 T 形类似，两侧增加了两个外包小角，以部分抵消轮缘的张开弯矩，该类叶根精度要求相当高，使用时要考虑加工难度和成本。

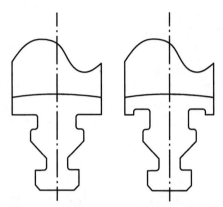

图 1-5 双 T 形叶根和外包双 T 形叶根

(3) 叉形叶根 (图 1-6)：该类叶根用销钉固定在叶轮上，刚性较好，更换叶片方便。叉形叶根避免了 T 形叶根使轮缘两侧张开引起的弯应力；而且强度适应性好，随着叶片离心力的增大，叶根叉数可以增多。许多大型发电和驱动用工业汽轮机末级叶片都采用此类叶根。

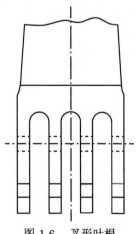

图 1-6 叉形叶根

(4) 枞树形叶根 (图 1-7)：该类叶根广泛地应用于燃气轮机的透平叶片上，很多大功率工业汽轮机的长扭叶片亦采用此类叶根。该类叶根工作可靠，承载能力大，装配方便，但加工精度要求高，工艺复杂。

（5）拉法尔叶根 (图 1-8)：该类叶根结构简单，安装方便，特别适合稠度较大的叶片，主要应用于早期的末级、次末级叶片的设计中。

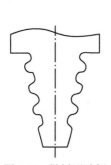

图 1-7　枞树形叶根

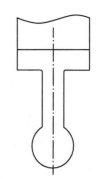

图 1-8　拉法尔叶根

（6）菌形叶根 (图 1-9)：在转子结构中，由于叶轮或整锻转子材料的强度许用值都比叶片低，所以给采用前述各种形式的叶根带来了困难，而采用此类叶根则可充分发挥叶片和叶轮材料强度性能，容易满足设计要求，但该类叶根加工较为复杂，叶根精度不易满足，主要应用于早期的末级、次末级叶片设计中。

（7）燕尾形叶根 (图 1-10)：该类叶片承载能力较弱，但由于轴向装配的特点，能够很好地保证叶片流道的均匀性，主要应用于对气动性能要求高的轴流压气机叶片设计中。

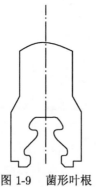

图 1-9　菌形叶根

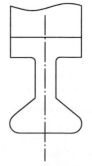

图 1-10　燕尾形叶根

### 1.2.3　叶顶及连接部分——围带、拉金

围带将叶片连在一起，使叶片顶部成为一体，提高了叶片的抗振能力。常用的围带形式有：铆接围带、碰磨围带、预紧围带、自锁围带、焊接围带等。拉金主要包括：分段松拉金、双锥棒磨拉金、凸台拉金等 [7]。这两种结构形式可单独使用，亦可相互配合使用。

### 1.2.4  不同叶片结构示意图

图 1-11 给出了不同叶型、叶根和叶顶及连接部分的叶片示意图。

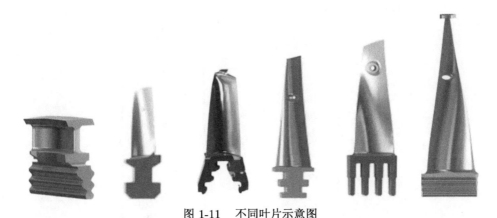

图 1-11    不同叶片示意图

## 1.3    叶片强度有限元理论简介

叶片强度计算方法主要由传统的强度计算方法和近些年发展的有限元计算方法构成，传统的强度计算方法可查阅相关的参考文献 [3,4]，本节主要简要介绍基于固体计算力学的有限元方法的基本原理 [8–11]。

某一点的应力状态需要六个独立的应力分量，这六个应力分量可表示为

$$[\sigma]^{\mathrm{T}} = \left[ \begin{array}{cccccc} \sigma_{xx} & \sigma_{yy} & \sigma_{zz} & \tau_{xy} & \tau_{yz} & \tau_{xz} \end{array} \right] \tag{1-1}$$

式中，$\sigma_{xx}$，$\sigma_{yy}$ 和 $\sigma_{zz}$ 是正应力；$\tau_{xy}$，$\tau_{yz}$ 和 $\tau_{xz}$ 是剪应力。物体在受到载荷作用时，某一点位置改变的位移矢量 $\boldsymbol{\delta}$ 在笛卡儿坐标系中可表示为

$$\boldsymbol{\delta} = u\left(x,y,z\right)\boldsymbol{i} + v\left(x,y,z\right)\boldsymbol{j} + w\left(x,y,z\right)\boldsymbol{k} \tag{1-2}$$

此外，某一点的应变状态也可用六个应变分量表示。这六个应变分量为

$$[\varepsilon]^{\mathrm{T}} = \left[ \begin{array}{cccccc} \varepsilon_{xx} & \varepsilon_{yy} & \varepsilon_{zz} & \gamma_{xy} & \gamma_{yz} & \gamma_{xz} \end{array} \right] \tag{1-3}$$

式中，$\varepsilon_{xx}$，$\varepsilon_{yy}$ 和 $\varepsilon_{zz}$ 是正应变；$\gamma_{xy}$，$\gamma_{yz}$ 和 $\gamma_{xz}$ 是剪应变。应变和位移的关系可表示为

$$\varepsilon_{xx} = \frac{\partial u}{\partial x}, \quad \varepsilon_{yy} = \frac{\partial v}{\partial y}, \quad \varepsilon_{zz} = \frac{\partial w}{\partial z}$$
$$\gamma_{xy} = \frac{\partial u}{\partial y} + \frac{\partial v}{\partial x}, \quad \gamma_{yz} = \frac{\partial v}{\partial z} + \frac{\partial w}{\partial y}, \quad \gamma_{xz} = \frac{\partial u}{\partial z} + \frac{\partial w}{\partial x} \tag{1-4}$$

方程 (1-4) 可用矩阵表示为

$$\{\boldsymbol{\varepsilon}\} = \boldsymbol{LU} \tag{1-5}$$

其中

$$\{\boldsymbol{\varepsilon}\} = \left\{\begin{array}{c} \varepsilon_{xx} \\ \varepsilon_{yy} \\ \varepsilon_{zz} \\ \gamma_{xy} \\ \gamma_{yz} \\ \gamma_{xz} \end{array}\right\}, \qquad \boldsymbol{LU} = \left\{\begin{array}{c} \dfrac{\partial u}{\partial x} \\[2mm] \dfrac{\partial v}{\partial y} \\[2mm] \dfrac{\partial w}{\partial z} \\[2mm] \dfrac{\partial u}{\partial y} + \dfrac{\partial v}{\partial x} \\[2mm] \dfrac{\partial v}{\partial z} + \dfrac{\partial w}{\partial y} \\[2mm] \dfrac{\partial u}{\partial z} + \dfrac{\partial w}{\partial x} \end{array}\right\}$$

$L$ 通常是指线性偏微分操作算子。

在材料的弹性区域内，应力和应变之间存在一定的关系，即满足胡克定律。这个关系可用下列方程表示为

$$\begin{aligned} \varepsilon_{xx} &= \frac{1}{E}\left[\sigma_{xx} - \nu\left(\sigma_{yy} + \sigma_{zz}\right)\right] \\ \varepsilon_{yy} &= \frac{1}{E}\left[\sigma_{yy} - \nu\left(\sigma_{xx} + \sigma_{zz}\right)\right] \\ \varepsilon_{zz} &= \frac{1}{E}\left[\sigma_{zz} - \nu\left(\sigma_{xx} + \sigma_{yy}\right)\right] \\ \gamma_{xy} &= \frac{1}{G}\tau_{xy}, \quad \gamma_{yz} = \frac{1}{G}\tau_{yz}, \quad \gamma_{xz} = \frac{1}{G}\tau_{xz} \end{aligned} \tag{1-6}$$

若应力和应变之间的关系用矩阵表示，则可表示为

$$\{\boldsymbol{\sigma}\} = [\boldsymbol{\nu}]\{\boldsymbol{\varepsilon}\} \tag{1-7}$$

其中

$$\{\boldsymbol{\sigma}\} = \left\{\begin{array}{c} \sigma_{xx} \\ \sigma_{yy} \\ \sigma_{zz} \\ \tau_{xy} \\ \tau_{yz} \\ \tau_{xz} \end{array}\right\}, \quad \{\boldsymbol{\varepsilon}\} = \left\{\begin{array}{c} \varepsilon_{xx} \\ \varepsilon_{yy} \\ \varepsilon_{zz} \\ \gamma_{xy} \\ \gamma_{yz} \\ \gamma_{xz} \end{array}\right\}$$

$$[\boldsymbol{\nu}] = \frac{E}{1+\nu} \left\{ \begin{array}{cccccc} \dfrac{1-\nu}{1-2\nu} & \dfrac{\nu}{1-2\nu} & \dfrac{\nu}{1-2\nu} & 0 & 0 & 0 \\[2mm] \dfrac{\nu}{1-2\nu} & \dfrac{1-\nu}{1-2\nu} & \dfrac{\nu}{1-2\nu} & 0 & 0 & 0 \\[2mm] \dfrac{\nu}{1-2\nu} & \dfrac{\nu}{1-2\nu} & \dfrac{1-\nu}{1-2\nu} & 0 & 0 & 0 \\[2mm] 0 & 0 & 0 & \dfrac{1}{2} & 0 & 0 \\[2mm] 0 & 0 & 0 & 0 & \dfrac{1}{2} & 0 \\[2mm] 0 & 0 & 0 & 0 & 0 & \dfrac{1}{2} \end{array} \right\} \qquad (1\text{-}8)$$

对于三轴载荷下的固体材料，应变能 $\Lambda$ 为

$$\Lambda^{(e)} = \frac{1}{2} \int_V \left( \sigma_{xx}\varepsilon_{xx} + \sigma_{yy}\varepsilon_{yy} + \sigma_{zz}\varepsilon_{zz} + \tau_{xy}\gamma_{xy} + \tau_{xz}\gamma_{xz} + \tau_{yz}\gamma_{yz} \right) \mathrm{d}V \qquad (1\text{-}9)$$

或者以矩阵形式表示为

$$\Lambda^{(e)} = \frac{1}{2} \int_V [\boldsymbol{\sigma}]^{\mathrm{T}} \{\boldsymbol{\varepsilon}\} \, \mathrm{d}V \qquad (1\text{-}10)$$

根据胡克定律，将应力用应变的形式表示，然后代入，则方程 (1-10) 可表示为

$$\Lambda^{(e)} = \frac{1}{2} \int_V [\boldsymbol{\varepsilon}]^{\mathrm{T}} [\boldsymbol{\nu}] \{\boldsymbol{\varepsilon}\} \, \mathrm{d}V \qquad (1\text{-}11)$$

对于三维有限单元来说，其中每个节点有三个自由度，分别沿节点坐标的 $x, y, z$ 方向。那么单元内任一点的位移用节点的位移值和形函数表示为

$$\{\boldsymbol{u}\} = [\boldsymbol{S}] \{\boldsymbol{U}\} \qquad (1\text{-}12)$$

$$\{\boldsymbol{\varepsilon}\} = [\boldsymbol{B}] \{\boldsymbol{U}\} \qquad (1\text{-}13)$$

将方程 (1-13) 代入应变能方程 (1-11) 有

$$\Lambda^{(e)} = \frac{1}{2} \int_V [\boldsymbol{\varepsilon}]^{\mathrm{T}} [\boldsymbol{\nu}] \{\boldsymbol{\varepsilon}\} \, \mathrm{d}V = \frac{1}{2} \int_V [\boldsymbol{U}]^{\mathrm{T}} [\boldsymbol{B}]^{\mathrm{T}} [\boldsymbol{\nu}] [\boldsymbol{B}] [\boldsymbol{U}] \, \mathrm{d}V \qquad (1\text{-}14)$$

对上式取节点位移的偏微分，则有

$$\frac{\partial \Lambda^{(e)}}{\partial U_k} = \frac{\partial}{\partial U_k} \left( \frac{1}{2} \int_V [\boldsymbol{U}]^{\mathrm{T}} [\boldsymbol{B}]^{\mathrm{T}} [\boldsymbol{\nu}] [\boldsymbol{B}] [\boldsymbol{U}] \, \mathrm{d}V \right), \quad k = 1, 2, \cdots, 12 \qquad (1\text{-}15)$$

对方程 (1-14) 进行运算将导出 $[\boldsymbol{K}]^{(e)}\{\boldsymbol{U}\}$ 的表达式，这样就可以求出刚度矩阵的表达式，即

$$[\boldsymbol{K}]^{(e)} = \int_V [\boldsymbol{B}]^{\mathrm{T}} [\boldsymbol{\nu}] [\boldsymbol{B}] \, \mathrm{d}V \qquad (1\text{-}16)$$

叶片强度计算正是基于该计算固体力学有限元理论进行的。

# 1.4  叶根及轮缘离心应力计算方法

本节以叉形叶根长叶片为例，介绍叶片的离心拉应力计算方法。叶片有限元模型如图 1-12 所示，根据应用情况，将锥销打入一定深度。将叶根及轮缘沿上销子中心及下销子中心切开，得出如图 1-13～ 图 1-15 的各个截面 (叶根为 16 个截面，轮缘为 20 个截面)，此为叶根及轮缘的危险截面。在每个截面上沿孔边向两侧设定分析路径，路径编号：叶根上销子截面为 P1-1～P4-2，下销子截面为 D1-1～D4-2(图 1-14)。轮缘上销子截面为 LU1-1～LU5-2，下销子截面为 LD1-1～LD5-2(图 1-15)。分析得出沿各路径的各种应力，举例如图 1-16 所示。

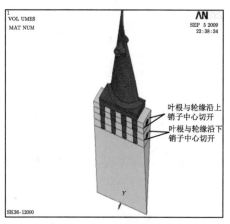

图 1-12　有限元模型

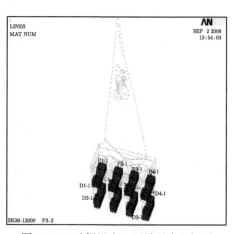

图 1-13　叶根沿上、下销子中心切开

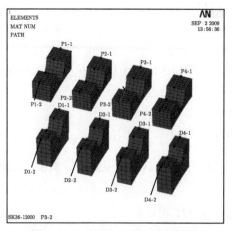

图 1-14　叶根各切面上路径编号

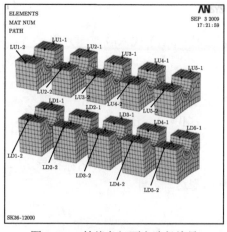

图 1-15　轮缘各切面上路径编号

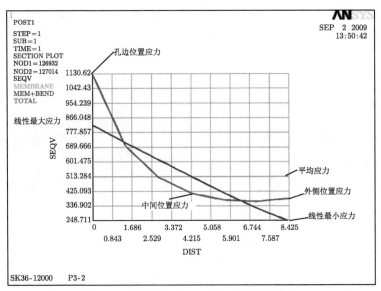

图 1-16 沿分析路径计算得出的各种应力

销子受力分析采用子模型方法，去除轮缘及与轮缘接触的销子，只保留叶片部分及叶根销子孔内的部分销子作为子模型，如图 1-17 所示，而销子的 8 个截面上节点的位移作为子模型的位移边界 (图 1-18)。即将原来模型计算得到的这些截面的位移作为位移约束边界加入子模型中，求解后通过提取各销子剪切截面的 Y 向约束反力即可得到各截面的剪切力。销子各剪切截面的编号上部为 U1~U8，下部为 D1~D8(图 1-18)。

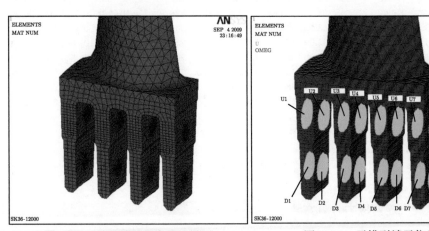

图 1-17 计算销子剪力的子模型          图 1-18 子模型销子位移

图 1-19 给出了销子与叶根及轮缘接触面的接触压力与接触状态。表 1-1 给出了各个路径具体的应力情况。

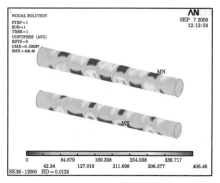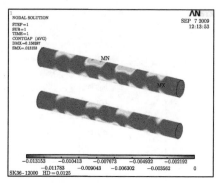

图 1-19    销子过盈最小时的接触压力与接触状态

**表 1-1    各个路径具体的应力**                                              (单位：MPa)

| 截面编号 | von Mises 应力 (第 4 强度理论) | | | | | | 应力强度 (第 3 强度理论) | | | | | |
| --- | --- | --- | --- | --- | --- | --- | --- | --- | --- | --- | --- | --- |
| | 孔边位置 | 中间位置 | 外侧位置 | 应力平均 | 线性最大 | 线性最小 | 孔边位置 | 中间位置 | 外侧位置 | 应力平均 | 线性最大 | 线性最小 |
| P1-1 | 667.0 | 263.00 | 236.90 | 317.70 | 493.90 | 165.80 | 752.8 | 272.50 | 237.80 | 339.60 | 549.60 | 184.70 |
| P1-2 | 605.0 | 204.80 | 152.50 | 255.70 | 444.30 | 87.01 | 682.2 | 216.00 | 154.90 | 275.60 | 495.20 | 100.20 |
| P2-1 | 789.4 | 292.80 | 234.60 | 355.10 | 580.50 | 156.30 | 897.7 | 302.60 | 235.80 | 381.30 | 649.10 | 177.80 |
| P2-2 | 778.5 | 284.50 | 228.20 | 346.70 | 566.60 | 148.40 | 882.5 | 294.00 | 230.10 | 370.80 | 631.20 | 168.70 |
| P3-1 | 762.2 | 265.20 | 195.10 | 325.00 | 556.60 | 118.70 | 868.2 | 278.00 | 196.40 | 351.50 | 624.60 | 136.60 |
| P3-2 | 815.1 | 314.40 | 275.40 | 380.50 | 592.20 | 190.40 | 925.0 | 322.70 | 276.50 | 405.70 | 659.80 | 213.20 |
| P4-1 | 679.9 | 234.30 | 183.60 | 291.00 | 493.10 | 109.70 | 771.2 | 247.00 | 184.50 | 314.40 | 552.10 | 125.40 |
| P4-2 | 719.6 | 273.10 | 240.80 | 331.40 | 524.40 | 160.40 | 817.7 | 288.00 | 241.80 | 357.50 | 588.10 | 179.90 |
| D1-1 | 592.4 | 216.60 | 177.70 | 264.80 | 436.80 | 113.80 | 674.2 | 228.50 | 178.10 | 287.40 | 491.40 | 129.00 |
| D1-2 | 588.1 | 219.10 | 186.00 | 268.50 | 441.10 | 119.30 | 673.0 | 233.30 | 186.60 | 293.80 | 499.90 | 135.40 |
| D2-1 | 666.8 | 240.10 | 190.60 | 296.00 | 498.40 | 117.80 | 760.9 | 253.90 | 191.00 | 322.10 | 561.90 | 134.60 |
| D2-2 | 661.2 | 240.60 | 190.40 | 295.00 | 492.80 | 118.30 | 753.3 | 252.90 | 190.70 | 319.40 | 554.10 | 134.80 |
| D3-1 | 654.2 | 233.50 | 187.50 | 287.40 | 484.80 | 113.80 | 749.5 | 250.20 | 188.30 | 315.20 | 549.80 | 130.10 |
| D3-2 | 654.9 | 230.10 | 178.10 | 283.90 | 480.50 | 107.90 | 745.5 | 242.30 | 178.50 | 307.80 | 539.90 | 123.30 |
| D4-1 | 589.9 | 202.60 | 165.60 | 253.90 | 435.20 | 96.10 | 677.0 | 219.30 | 166.70 | 280.40 | 495.80 | 110.40 |
| D4-2 | 586.7 | 202.50 | 162.30 | 253.20 | 434.00 | 94.75 | 671.7 | 218.00 | 163.20 | 278.60 | 492.90 | 108.70 |

# 1.5    叶片气流弯应力计算方法

## 1.5.1    常规气流弯应力计算方法

如图 1-20 所示，叶片气流弯应力常规计算方法如下：

气流作用力在叶片 $x_1$ 截面上产生的弯矩可按下式计算：

$$
\begin{aligned}
M_u &= \int_{x_1}^{l_d} q_u(x)(x - x_1)\mathrm{d}x \\
M_z &= \int_{x_1}^{l_d} q_z(x)(x - x_1)\mathrm{d}x
\end{aligned} \tag{1-17}
$$

将上述弯矩分别投影到相应截面的最大和最小主惯性轴后，分别得到弯矩为

$$
\begin{aligned}
M_{1q} &= M_u \cos\beta + M_z \sin\beta \\
M_{2q} &= -M_u \sin\beta + M_z \cos\beta
\end{aligned} \tag{1-18}
$$

弯矩 $M_{1q}$ 和 $M_{2q}$ 在相应截面引起的气流弯应力为

$$
\begin{aligned}
\sigma_j &= \frac{M_{1q}}{W_{bi}} - \frac{M_{2q}}{W_j} \\[2mm]
\sigma_c &= \frac{M_{1q}}{W_{bi}} + \frac{M_{2q}}{W_c} \\[2mm]
\sigma_b &= -\frac{M_{1q}}{W_b}
\end{aligned} \tag{1-19}
$$

式中，$\sigma_j$ 为进气边气流弯应力；$\sigma_c$ 为出气边气流弯应力；$\sigma_b$ 为背弧气流弯应力。

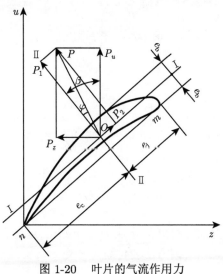

图 1-20　叶片的气流作用力

　　常规计算气流弯应力使用线性积分方法，不考虑耦合系统的影响，也不能考虑离心预应力、叶片凸台倒角和叶根倒角的影响，计算获得的叶片气流弯应力分布不够准确真实。本书提出了一种能准确真实反映叶片气流弯应力分布情况的基于流固耦合的叶片气流弯应力计算方法。

### 1.5.2    基于流固耦合的叶片气流弯应力计算方法

　　流固耦合有双向与单向两种耦合方式，对于工业汽轮机等透平机械来说，通常情况下，叶片变形量小，结构分析的结果对流体分析的影响可以忽略不计，因此采用单向耦合分析，即先进行流场分析，再进行耦合结构分析。

　　首先，建立流体计算区域，应用计算流体动力学软件得到周围流场分布；其次，建立固体计算区域，将计算得到的叶片表面压力通过节点坐标映射到固体网格上，同时固定叶根接触面，计算得到气流弯应力。

　　以某工业汽轮机低压级组叶片为例，其压力场分布如图 1-21 和图 1-22 所示。

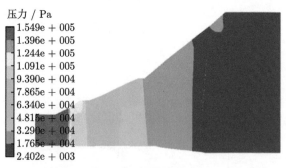

图 1-21    子午面压力

图 1-22    50%截面压力

　　经流固耦合计算得到叶身气流弯应力分布如图 1-23 所示。最大值位于进气边叶身中部，为 17.2MPa，该方法较传统方法更为真实地反映了叶身所受的气流弯应力。

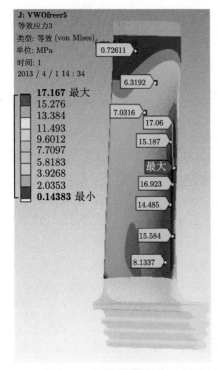

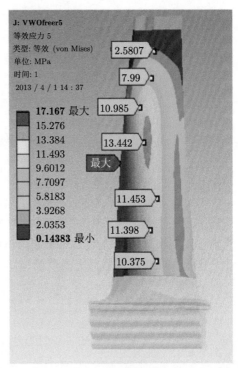

(a) 内弧侧        (b) 背弧侧

图 1-23　叶身气流弯应力分布

### 1.5.3　成组叶片气流弯应力计算方法

叶片成组后其气流弯应力会减小,这是因为叶片在气流力作用下产生弯曲变形后,围带或拉金产生弯曲变形,这样围带和拉金就对叶片产生一反弯矩,这个反弯矩将部分抵消气流力引起的弯矩,限制叶片的变形,从而降低了叶片的弯应力[4,12]。

考虑了围带刚性修正后的反弯矩为

$$M_{\mathrm{w}}^* = H_{\mathrm{w}}M_{\mathrm{w2}} = \frac{12E_{\mathrm{w}}J_{\mathrm{w}}H_{\mathrm{w}}\cos^2\beta}{t_{\mathrm{w}}}\frac{\mathrm{d}u(l_{\mathrm{d}})}{\mathrm{d}x} \tag{1-20}$$

$$\frac{\mathrm{d}u(l_{\mathrm{d}})}{\mathrm{d}x} = \frac{1}{1+K_{\mathrm{w}}}\frac{M_0l_{\mathrm{d}}}{3EJ}, \quad K_{\mathrm{w}} = \frac{12J_{\mathrm{w}}H_{\mathrm{w}}l_{\mathrm{d}}\cos^2\beta}{t_{\mathrm{w}}J} \tag{1-21}$$

因此,考虑了围带的反弯矩后,叶片根部截面的气流弯矩 $M(0)$ 和弯应力 $\sigma(0)$ 分别为

$$M(0) = M_0 - M_{\mathrm{w}} = \frac{3+2K_{\mathrm{w}}}{3(1+K_{\mathrm{w}})}M_0 \tag{1-22}$$

$$\sigma(0) = \frac{3 + 2K_{\mathrm{w}}}{3(1 + K_{\mathrm{w}})}\sigma_0 \tag{1-23}$$

考虑了拉金修正后的反弯矩为

$$M_1 = \frac{12E_1 J_1 H_1 \cos^2\beta}{t_1}\frac{\mathrm{d}u(l_1)}{\mathrm{d}x} \tag{1-24}$$

$$M_2 = \frac{12E_2 J_2 H_2 \cos^2\beta}{t_2}\frac{\mathrm{d}u(l_2)}{\mathrm{d}x} \tag{1-25}$$

作用在叶片上的气流弯矩为

当 $0 \leqslant \rho < \rho_1$ 时，$M(\rho) = (1 - \rho)^2 M_0 - M_1 - M_2$；

当 $\rho_1 \leqslant \rho < \rho_2$ 时，$M(\rho) = (1 - \rho)^2 M_0 - M_2$；

当 $\rho_2 \leqslant \rho \leqslant 1$ 时，$M(\rho) = (1 - \rho)^2 M_0$。

因此，作用在叶片根部截面上的气流弯矩与弯应力为

$$M(0) = M_0 - M_1 - M_2 \tag{1-26}$$

$$\sigma(0) = \frac{M(0)}{W(0)} \tag{1-27}$$

采用有限元分析时，仍采用基于流固耦合的方法计算叶片组气流弯应力，需要将相邻叶片围带接触面设置成摩擦面，计算结果即为叶片成组后的气流弯应力，如图 1-24 所示，该方法更为真实地反映了成组叶片的气流弯应力情况。

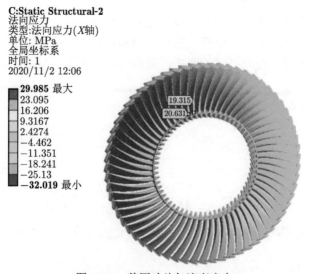

图 1-24    整圈叶片气流弯应力

# 1.6 高温叶片蠕变与低周疲劳计算方法

## 1.6.1 蠕变分析

### 1.6.1.1 蠕变损伤机理

金属在高温下的塑性变形和断裂行为与常温下有很大区别，一般当 $T>0.4T_m$ 时即可认为是高温，其中 $T_m$ 为熔点的绝对温度。金属在高温和一定应力下，即使应力远低于弹性极限，也会随时间缓慢发生塑性变形，这种现象称为蠕变。蠕变是一种在持久应力作用下与时间有关的塑性变形过程，对于高温部件产生蠕变而导致的失效，传统强度理论在此类分析上存在不足，高温部件蠕变分析主要是分析部件在复杂应力和高温共同影响下的多轴蠕变失效行为 [13]。

蠕变变形基本可分为三个阶段，如图 1-25 所示。第一阶段是孔洞形成阶段，此时的蠕变速率逐渐降低 (减速蠕变阶段)；第二阶段为孔洞长大阶段，这一阶段的蠕变速率近似为常数 (稳定蠕变阶段)；第三阶段是孔洞聚合阶段，此时蠕变速率剧增并最终导致断裂 (加速蠕变阶段)。蠕变曲线各阶段持续时间的长短随着材料和试验条件而变化。如图 1-26 所示，同一材料，当减小应力或降低温度时，蠕变第二阶段增长，甚至无第三阶段发生；相反，当应力较大或温度较高时，蠕变第二阶段缩短，甚至消失，试样经过减速蠕变后很快进入第三阶段而断裂。蠕变的破坏是一个随时间积累的过程，一旦进入蠕变破坏温度，其破坏就不断地积累，并且随着温度继续升高，这种破坏的速度呈现明显加速的趋势。

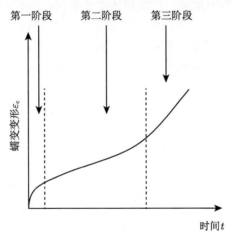

图 1-25 蠕变变形的三个阶段

一般涡轮叶片材料熔点为 1400℃，因此对于工作在 500℃ 以上的叶片，都会存在一定的蠕变；而对于在 700℃ 以上工作的涡轮叶片，即使应力很小，也会发生明显的蠕变伸长或断裂现象。

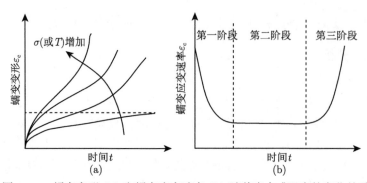

图 1-26    蠕变变形 (a) 和蠕变应变速率 (b) 随着应力或温度的变化关系

### 1.6.1.2    蠕变本构模型及算法

蠕变曲线有三个阶段，目前在有限元软件内嵌的模型中可以对第一阶段和第二阶段进行描述。

蠕变模型又分为显式蠕变模型和隐式蠕变模型。显式蠕变是指应用 Euler 向前法进行蠕变应变演化的计算，如式 (1-28) 所示，在每个时间步使用的蠕变应变率与该时间步开始时的速率一致，并假设在整个时间步 $\Delta t$ 内为常数，因此需要很小的时间步以减小误差。对于有塑性的显式蠕变，首先进行塑性修正，然后进行蠕变修正。两种修正在不同应力值处进行，因此精度较差。隐式蠕变应用了 Euler 向后积分法求解蠕变应变，该方法在数值上无条件稳定，这意味着不必像显式蠕变方法那样，使用小的时间步，所以总体上会更快。如式 (1-29) 所示，采用隐式蠕变模型和率无关塑性时，塑性修正和蠕变修正同时进行，而不是分别进行。因此，隐式蠕变一般比显式蠕变更精确，但它仍与时间步大小有关，必须使用足够小的时间步来精确捕捉路径相关行为。基于上述原因，推荐采用隐式蠕变模型。

$$\dot{\varepsilon}_{\mathrm{cr}} = f(\sigma^t, \varepsilon^t, T^{t+\Delta t}, \cdots) \tag{1-28}$$

$$\dot{\varepsilon}_{\mathrm{cr}} = f(\sigma^{t+\Delta t}, \varepsilon^{t+\Delta t}, T^{t+\Delta t}, \cdots) \tag{1-29}$$

表 1-2 是对部分隐式蠕变模型的描述。

表 1-2    隐式蠕变方程

| 蠕变模型 | 名称 | 方程 | 阶段 |
|---|---|---|---|
| 1 | Strain Hardening | $\dot{\varepsilon}_{\mathrm{cr}} = C_1 \sigma^{C_2} \varepsilon_{\mathrm{Cr}}^{C_3} \mathrm{e}^{-C_4/T}, \quad C_1 > 0$ | 第一阶段 |
| 2 | Time Hardening | $\dot{\varepsilon}_{\mathrm{cr}} = C_1 \sigma^{C_2} t^{C_3} \mathrm{e}^{-C_4/T}, \quad C_1 > 0$ | 第一阶段 |
| 3 | Generalized Exponential | $\varepsilon_{\mathrm{cr}}^* = C_1 \sigma^{C_2} r \mathrm{e}^{-rt}, \quad C_1 > 0$<br>$r = C_5 \sigma^{C_3} \mathrm{e}^{-C_4/T}, \quad C_5 > 0$ | 第一阶段 |
| 4 | Norton | $\dot{\varepsilon}_{\mathrm{cr}} = C_1 \sigma^{C_2} \mathrm{e}^{-C_3/T}, \quad C_1 > 0$ | 第二阶段 |
| 5 | Exponential Form | $\dot{\varepsilon}_{\mathrm{cr}} = C_1 \mathrm{e}^{\sigma/C_2} \mathrm{e}^{-C_3/T}, \quad C_1 > 0$ | 第二阶段 |

注：$\dot{\varepsilon}_{\mathrm{cr}}$ 为蠕变应变速率；$t$ 为时间；$\sigma$ 为应力；$C_1 \sim C_5$ 为材料蠕变系数。

### 1.6.1.3 算例

以某型燃气轮机第 1 级涡轮静叶为例，进行蠕变分析。该叶片材料为 IN738LC，采用 Norton 方程来模拟蠕变行为。

根据已有边界条件，计算获得叶片换热边界条件，再进行固体导热计算，从而获得叶片基本负荷工况的温度场，如图 1-27 所示。

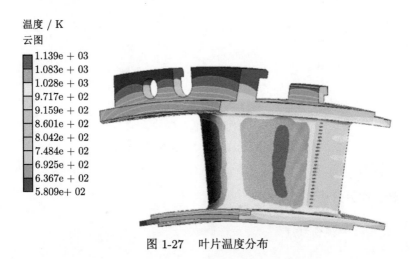

温度 / K
云图
1.139e + 03
1.083e + 03
1.028e + 03
9.717e + 02
9.159e + 02
8.601e + 02
8.042e + 02
7.484e + 02
6.925e + 02
6.367e + 02
5.809e + 02

图 1-27　叶片温度分布

根据实际情况施加边界条件，同时将温度场和气动场数据赋给叶片各节点，计算得到叶片各部位的蠕变应变，如图 1-28 所示。图 1-29 给出了考核区域的蠕变应变随时间变化的曲线。

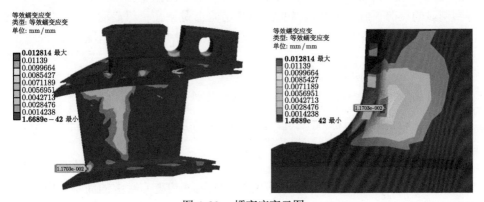

图 1-28　蠕变应变云图

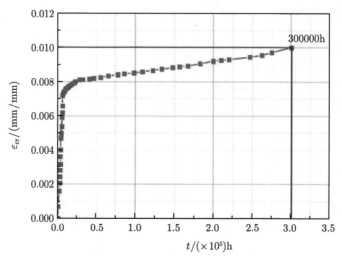

图 1-29　局部蠕变应变随时间的变化曲线

## 1.6.2　低周疲劳分析

### 1.6.2.1　低周疲劳损伤机理

低周疲劳是指循环应力水平高、塑性应变起主导作用、循环次数较低的疲劳 (一般在 $10^4 \sim 10^5$ 以下)，一般周期性的低频大载荷易导致低周疲劳，循环加载时材料产生塑性变形，载荷越大，材料或结构的寿命越短，即循环次数较少时便会产生疲劳破坏。低周疲劳断口有三个典型的分区，即裂纹源区、扩展区和瞬断区，瞬断区的面积所占比例远大于另两个区，整个断口高低不平，疲劳裂纹扩展区能看到明显的疲劳弧线。涡轮叶片的低周疲劳寿命是指在机组启动-运行-停机的工作循环中，叶片承受的离心、温度、气动等载荷作用下的疲劳循环寿命。

### 1.6.2.2　低周疲劳本构及寿命模型

#### 1) 本构模型 [14]

目前，对于等轴晶材料，其循环塑性本构模型包括多线性随动强化模型、多线性等向强化模型以及 Chaboche 模型。

多线性随动强化模型如图 1-30(a) 所示。该模型可以反映包辛格效应。其中第一个应力-应变点对应屈服点。压缩阶段的应力-应变点数据的间距是原输入数据点的 2 倍。但是在描述平均应力非零的应力循环加载时，该模型给出封闭的应力应变滞回环，不能预测棘轮效应。多线性等向强化模型如图 1-30(b) 所示，第一个点对应屈服应力，随后的点为材料的弹塑性响应点。

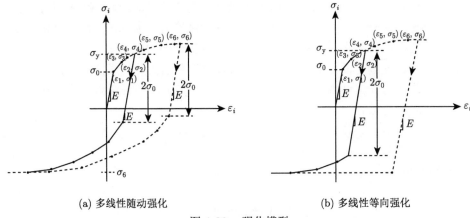

(a) 多线性随动强化　　　　　　　　(b) 多线性等向强化

图 1-30　强化模型

Chaboche 随动强化模型能够有效地预测棘轮以及循环硬化和循环软化现象，具体模型参数见表 1-3。随动强化模型基于 von Mises 屈服准则，Chaboche 硬化模型是几个 Armstrong-Frederick rule 硬化模型的叠加，最初 Chaboche 提出 3 个背应力分量 ($M$=3) 的模型，$\alpha_1$ 用来描述中等塑性应变时的非线性行为，$\alpha_2$ 用来描述塑性应变非常小的弹塑性过渡区的非线性行为，$\alpha_3$ 用来描述大塑性应变时的近似常切线刚度现象和极限棘轮应变的非线性行为，屈服面中心 $\alpha_x = \alpha_1 + \alpha_2 + \alpha_3$，通用公式如式 (1-30) 和 (1-31)。

$$\alpha = \sum_{i=1}^{M} \alpha_i \tag{1-30}$$

$$\dot{a}_i = \frac{2}{3} C_i \dot{\varepsilon}^{\mathrm{pl}} - \gamma_i \dot{\varepsilon}^{\mathrm{pl}} \alpha + \frac{1}{C_i} \frac{\mathrm{d}C_i}{\mathrm{d}\theta} \dot{\theta} \alpha \tag{1-31}$$

式中，$M$ 是指叠加的随动强化模型；$C_i$ 和 $\gamma_i$ 是需要输入的材料参数。

表 1-3　Chaboche 模型参数

| 常数 | 意义 | 特性 |
|---|---|---|
| $C_1$ | $\sigma_0$ | 初始屈服应力 |
| $C_2$ | $C_1$ | 第一随动强化模型参数 |
| $C_3$ | $Y_1$ | 第一随动强化模型参数 |
| $C_4$ | $C_2$ | 第二随动强化模型参数 |
| $C_5$ | $Y_2$ | 第二随动强化模型参数 |
| $\vdots$ | $\vdots$ | $\vdots$ |
| $C_{(2n)}$ | $C_n$ | 第 $n$ 随动强化模型参数 |
| $C_{(2n+1)}$ | $Y_n$ | 第 $n$ 随动强化模型参数 |

2) 寿命模型

常用 Manson-Coffin 公式进行低循环寿命计算，需要输入 4 个材料参数，分别是 $\sigma_f'$、$b$、$\varepsilon_f'$、$c$。如存在平均应力，需对公式进行修正，有三种修正方法：①无平均应力修正，见式 (1-32)；②Morrow 修正，见式 (1-33)；③S-W-T 修正，见式 (1-34)。Morrow 平均应力修正方法主要修正弹性应力寿命部分，对于常幅值及压缩平均应力情况比较合适。S-W-T 以最大主应变平面为临界平面，以最大主应变幅和最大主应变幅平面上的最大正应力的乘积为多轴疲劳的损伤参数，但是不适合压缩平均应力，具体表示如下。若有兴趣进一步了解，可查阅相关文献 [14]。

无平均应力修正

$$\frac{\Delta\varepsilon}{2} = \frac{\sigma'_{\mathrm{f}}}{E}(2N_{\mathrm{f}})^b + \varepsilon'_{\mathrm{f}}(2N_{\mathrm{f}})^c \tag{1-32}$$

Morrow 修正

$$\frac{\Delta\varepsilon}{2} = \frac{\sigma'_{\mathrm{f}}}{E}\left(1 - \frac{\sigma_{\mathrm{m}}}{\sigma'_{\mathrm{f}}}\right)(2N_{\mathrm{f}})^b + \varepsilon'_{\mathrm{f}}\left(1 - \frac{\sigma_{\mathrm{m}}}{\sigma'_{\mathrm{f}}}\right)^{\frac{c}{b}}(2N_{\mathrm{f}})^c \tag{1-33}$$

S-W-T 修正

$$\sigma_{\mathrm{Max}}\frac{\Delta\varepsilon}{2} = \frac{(\sigma'_{\mathrm{f}})^2}{E}(2N_{\mathrm{f}})^{2b} + \sigma'_{\mathrm{f}}\varepsilon'_{\mathrm{f}}(2N_{\mathrm{f}})^{b+c} \tag{1-34}$$

3) 算例

以某型燃气轮机涡轮第 1 级动叶为例，进行低循环疲劳寿命分析，该叶片材料为 IN738LC。

根据已有边界条件，计算获得叶片换热边界条件，再进行固体导热计算，从而获得叶片基本负荷工况的温度场，如图 1-31 所示。

图 1-31　叶片温度分布

通过弹塑性有限元分析得到叶片应力/应变场,由塑性应变的大小确定叶片尾缘为考核区,叶片尾缘的塑性应变如图 1-32 所示。通过无平均应力修正的 Manson-Coffin 公式插值得到尾缘的低循环疲劳寿命为 1837,如图 1-33 所示。

图 1-32　局部塑性应变

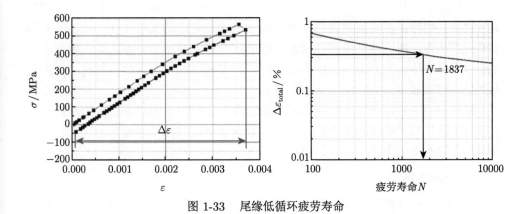

图 1-33　尾缘低循环疲劳寿命

# 第 2 章 叶片及轮系振动

## 2.1 引　言

对于叶片，不仅要进行强度方面的研究，同时还必须进行振动方面的研究，工业汽轮机的运行经验表明，叶片损坏多数是叶片振动所引起的。到目前为止，对复杂的激振力及动应力尚未找到完善的理论计算方法。因此，在设计叶片时，需要准确预测叶片的频率，从而更合理地减小叶片振动所产生的应力。本章主要介绍叶片和轮系振动频率以及安全性校核计算方法 [3,4]。

## 2.2　叶片振动理论简介

叶片由于工作条件复杂，其振动涉及结构动力学、流体力学、热力学、材料学等领域，同时，在各类透平机械中，特别是振动复杂的长扭叶片，往往并不存在单独的叶片，所有叶片大都成组或成圈装在轮盘、转子上，而轮盘、转子本身也是一个弹性体，它具有自己的振动方式，两者相互联系而又相互制约，成为更为复杂的振动系统。

传统的频率近似计算方法虽然已广泛应用于生产中，但对于复杂的长扭叶片频率的精确计算还存在较多不足，所以本节主要从近些年发展起来的计算动力学有限元方法的角度来讨论叶片的频率计算。

### 2.2.1　叶片静频

静频即为叶片在静止状态的固有频率 [4]，不考虑阻尼时叶片的动力学方程为

$$[M]\{\ddot{\Delta}(t)\} + [K]\{\Delta(t)\} = 0 \tag{2-1}$$

设动力学方程的解为

$$\{\Delta(t)\} = \{\Delta_0\}\sin(\omega t) \tag{2-2}$$

将式 (2-2) 代入式 (2-1)，得

$$([K] - \omega^2[M])\{\Delta_0\} = 0 \tag{2-3}$$

上式 $\{\Delta_0\}$ 为非零解的条件为

$$\left|[K] - \omega^2[M]\right| = 0 \tag{2-4}$$

求解式 (2-4) 的广义特征值问题，传统方法有 Lanczos 方法、子空间迭代法、QR 法等，各种方法都有各自的优缺点，在具体的计算过程中，可以查找相关文献来选择合适的求解方法。

### 2.2.2 叶片动频

叶片在运行状态时，由于受到离心力等载荷的作用，会产生径向拉应力，其径向应力会影响其刚度，从而提高叶片的刚度，使得叶片的固有频率值也相应增加，一般称这种影响为应力刚化，此时计算出的叶片的固有频率就称为叶片的动频。

应力刚化效应可用附加应力刚化矩阵 $[K]_s$ 表示，应力刚化矩阵与原刚度矩阵叠加，可得到考虑应力刚化效应时的总刚度矩阵。由于应力刚化矩阵是依赖于结构的应力状态的，因此需要通过迭代计算，首先求得结构的应力，然后根据结构的应力生成应力刚化矩阵，此即考虑应力刚化效应的附加刚度矩阵，此时单元的总刚度矩阵为

$$[K]_t = [K] + [K]_s \tag{2-5}$$

这样就得到了如方程 (2-5) 的形式，可以方便求得。

### 2.2.3 叶片动频数值计算方法

在有限元软件中，可以采用 Block Lanczos 法、子空间法、Powerdynamics 法、缩减法、不对称法和阻尼法来提取模态，求解上述特征方程[11,15-18]。

以某型燃气轮机涡轮末级自由叶片为例，采用有限元方法，对其进行动频分析[19-21]。

设置叶片材料属性，采用带中间节点的四面体网格对叶片进行网格划分，约束叶根齿位移，对叶片施加转速，完成对叶片的静力学分析。然后进行预应力模态分析，得到叶片前 4 阶模态位移和动频，如图 2-1 所示。

(a)1 弯振型-296.82Hz        (b)1 扭振型-516.48Hz

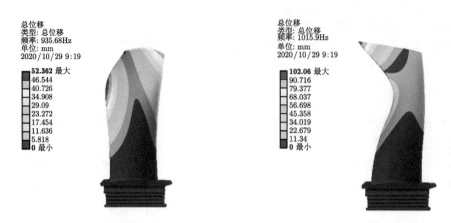

　　(c)弯扭耦合振型 - 935.68Hz　　　　　　　　　　(d)2 弯振型 - 1015.9Hz

图 2-1　前 4 阶模态位移和动频

## 2.2.4　轮系振动形式

　　叶片安装在叶轮上，如图 2-2 所示，叶轮的振动会引起叶片的振动，叶片和叶轮两种不同弹性体相耦合会产生具有轮盘特性的振动形态，称为叶轮-叶片系统的振动，简称轮系振动。

图 2-2　转子及整圈叶片示意图

　　轮系振动可以分成伞形振动、节圆振动、节径振动和节圆节径复合振动四种类型。经过多年实践证明，伞形振动和节圆振动只有在叶轮刚性不足的情况下才会发生，实际应用中很少遇到，而包含节圆和节径的复合振动则更为少见。轮系振动中最容易产生的是节径振动，维持这类振动所需的能量较少，绝大多数的轮系振动事故就是这种类型的振动造成的，因此，轮系振动主要讨论节径振动。

### 2.2.5 轮系振动的波

研究一个轮系的节径振动,可以把叶轮沿圆周展开,得到一条波浪形的曲线。图 2-3 是一个具有三个节点直径的展开图。曲线两端的"1"点是圆周上的同一点。如果在某一瞬间,圆周上各点的振幅都达到最大值 I 的位置 (图中实线所示)。那么,经过 $\frac{1}{4}$ 周期,整个圆周上各点将处在 II 的位置 (图中用中心线表示),各点的位移都为零。再经过 $\frac{1}{4}$ 周期,圆周上各点同时到达 III 的位置 (图中用虚线表示)。因此,沿整个圆周产生的是按一定频率振动的驻波 [3]。

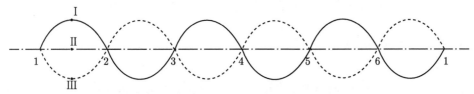

图 2-3　具有三个节点直径的轮系振动展开图

一个驻波可以分解为频率和驻波相同,振幅为驻波的一半,运动方向相反的两个行波。因此,在讨论轮系振动时,同样可以认为在圆周上形成的驻波是由被激振点分别向相反方向传递的两个行波的叠加。静止的叶轮做具有 $m$ 个节点直径的振动,振动频率为 $f$ 时,行波每移动一个波长需要的时间就等于轮系振动的一个周期 $T$

$$T = \frac{2\pi}{\omega} = \frac{1}{f} \tag{2-6}$$

式中,$\omega$ 为轮系振动的自振圆频率。

因此,行波沿圆周传递的角速度 $\omega_s$ 为

$$\omega_s = \frac{2\pi}{T_m} = \frac{2\pi f}{m} = \frac{\omega}{m} \tag{2-7}$$

行波的转速 $n_s$ 为

$$n_s = \frac{\omega_s}{2\pi} = \frac{f}{m}(\text{r/s}) \tag{2-8}$$

对于一个以转速 $n_s(\text{r/s})$ 转动的叶轮来说,如果一个观察者也以同样的转速转动,那么他所看到的仍将是一个驻波,和静止时相比,唯一不同的是由于离心力的作用,叶轮刚性增大,轮系的自振频率由 $f$ 增加到 $f_d$。和叶轮转向一致的行波,我们称之为前行波,和叶轮转向相反的行波,我们称之为后行波。行波传递

的角速度 $\omega_{ri}$ 为

$$\omega_{ri} = (2\pi f_d)/m \tag{2-9}$$

行波绕圆周传递的转速 $n_{ri}$ 为

$$n_{ri} = \omega_{ri}/2\pi = f_d/m(\mathrm{r/s}) \tag{2-10}$$

如果在静止坐标上观察,那么,行波的转速还要叠加上叶轮的转速。这时,前、后行波的转速不再相等。前行波的转速 $n_f$ 和频率 $f_f$ 分别为

$$n_f = n_{ri} + n_s = \frac{f_d}{m} + n_s(\mathrm{r/s}), \qquad f_f = mn_f = f_d + mn_s(\mathrm{s}^{-1}) \tag{2-11}$$

后行波的转速 $n_b$ 和频率 $f_b$ 分别为

$$n_b = n_{ri} - n_s = \frac{f_d}{m} - n_s(\mathrm{r/s}), \qquad f_b = mn_b = f_d - mn_s(\mathrm{s}^{-1}) \tag{2-12}$$

在实际运行过程中,波只能在与叶轮转动相反的方向传播,故本节只讨论后行波的作用。

### 2.2.6 轮系的共振特性和安全校核

统计资料表明,叶轮发生事故最主要的原因是产生空间静止波形式的轮系振动。如前所述,当叶轮转速和轮系的行波转速相等时,轮系将产生空间静止波,此时叶轮的转速称为临界转速,对应不同的节点直径数 $m$,有不同的临界转速 $n_c$。实际运行中只要很少的能量就能够激发此类静止波,因此,在设计和运行中必须考虑轮系的临界转速

$$n_c = f_d/m \tag{2-13}$$

当叶轮以转速 $n_s$ 运行时,作用在叶轮上的外力伴有频率为 $n_s$ 及其高阶谐波激振力。因此和叶片振动相似,当轮系的后行波频率曲线和辐射线 $Kn_s$ 相等,即激振力的某一阶谐波的频率和叶轮振动行波的频率相等时,轮系将产生共振,即为共振转速。比临界转速小的共振转速称为低共振转速 $n_l$,比临界转速高的称为高共振转速 $n_b$。

在低共振转速

$$f_d - mn_l = Kn_l \tag{2-14}$$

在高共振转速

$$f_d - mn_b = -Kn_b \tag{2-15}$$

实践证明，在轮系振动中，在临界转速下的共振是最危险的，不能允许轮系在节径数为 2、3、4、5 和 6 的临界转速下运行。同时，要求避开 $K$=1、2，节径为 2、3 时的共振转速。因此，在设计、运行中要求叶轮的运行转速相对于以上转速有一定的安全避开率。轮系振动安全避开率 $\Delta n$ 定义为

$$\Delta n = \frac{n_{\rm d} - n_{\rm s}}{n_{\rm s}} \times 100\% \tag{2-16}$$

式中，$n_{\rm s}$ 为叶轮运行转速；$n_{\rm d}$ 为叶轮的临界转速或共振转速。

目前我国一般采用以下标准：对临界转速的安全避开率如表 2-1 所示。对于 $K$=1、2 的，具有 2 个或 3 个节点直径的轮系共振转速，要求参照表 2-1 的标准。

**表 2-1 轮系振动的安全避开率**

| 节点直径数 $m$ | 2 | 3~4 | 5~6 |
|---|---|---|---|
| 转速安全避开率/% | ±15 | ±10 | ±5 |

### 2.2.7 轮系振动的有限元方法

对叶轮整个轮系作模态分析，可采用基于循环对称结构的模态分析方法，以某低压级组叶片轮盘系统为例[22]，叶轮内孔直径 191mm，外圆直径 970mm，叶片长度 207mm，共有 122 个叶片，叶轮转速 3000r/min，叶轮轮盘材料的弹性模量为 $2.01\times10^5$MPa，密度为 $7.8\times10^3$kg/m³；叶片材料的弹性模量为 $2.175\times10^5$MPa，密度为 $7.75\times10^3$kg/m³。采用六面体网格对轮系进行网格划分，如图2-4 所示。

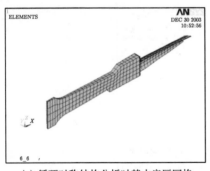
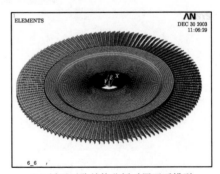

(a) 循环对称结构分析时基本扇区网格　　　(b) 循环对称结构分析时展开后模型

图 2-4　有限元计算网格

计算得到轮系的模态位移，如图 2-5 所示。绘制了各阶模态频率与其振型中叶轮的节径数关系，如图 2-6 所示。

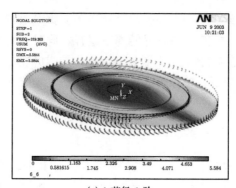

(a) 1 节径 1 阶

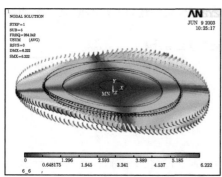

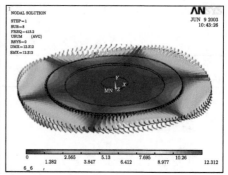

(b) 2 节径 1 阶                          (c) 3 节径 1 阶

图 2-5   轮系前 3 节径模态位移

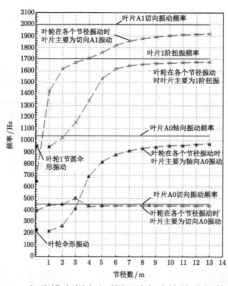

图 2-6   各阶模态频率与其振型中叶轮的节径数关系

表 2-2 是不同节径下的临界转速，在轮盘设计中主要考虑在 2、3、4 节径下的临界转速，使其不在工作转速范围内，以免产生驻波振动。分析结果表明，在此节径范围内的临界转速远离工作转速 3000r/min，该叶轮是安全的。

**表 2-2 不同节径下的静频、动频及临界转速**

| 节径数 | 1 | 2 | 3 | 4 | 5 | 6 | 7 | 8 |
|---|---|---|---|---|---|---|---|---|
| 静频 /Hz | 219.29 | 264.03 | 409.63 | 687.07 | 810.42 | 872.48 | 905.76 | 925.72 |
| 动频 /Hz | 226.72 | 274.17 | 421.77 | 694.06 | 816.7 | 878.75 | 912.14 | 932.19 |
| 临界转速/(r/min) | | 11752 | 11033 | 11832 | 10633 | 9311 | 8160 | 7219 |

## 2.3 整圈自锁阻尼叶片数值计算方法

### 2.3.1 整圈自锁阻尼叶片介绍

整圈自锁阻尼叶片的基本原理是，通过整圈连接摩擦作用，将叶片振动的机械能转化成热能扩散到工作介质中，从而达到降低叶片振动应力的目的[21]。在初始安装时，相邻叶片的阻尼凸台之间有一定的间隙，在工业汽轮机运行时，由于离心力的作用叶片发生扭转，进而使得凸台互相接触，产生一定的紧力，达到整圈连接的状态，产生自锁效应，大幅增加了叶片的刚度，在一定程度上降低了叶片的动应力，产生自锁效应。下面给出了以自锁和阻尼同时作用为主的叶片结构(图 2-7) 和以阻尼作用为主的叶片结构 (图 2-8)。

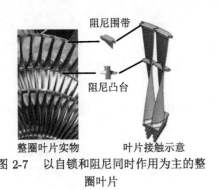

图 2-7 以自锁和阻尼同时作用为主的整圈叶片

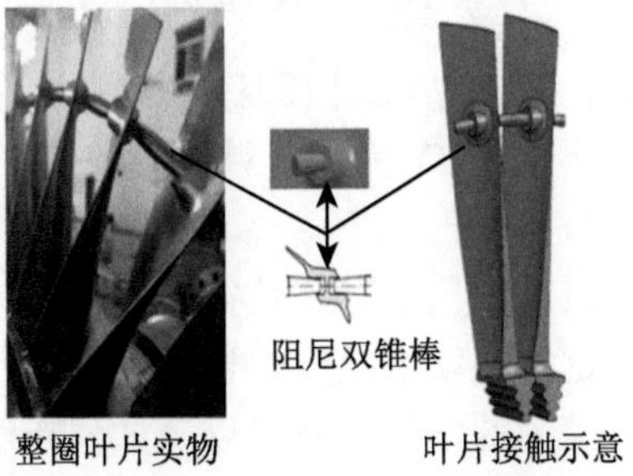

图 2-8 以阻尼作用为主的整圈叶片

由于整圈自锁阻尼叶片具有振动应力小、便于数控加工等优点，目前已经广泛应用在 600MW、1000MW、1200MW 级别的煤电、核电汽轮机上。与煤电、核电汽轮机相比，工业汽轮机的特点在于转速更高 (2200~16000r/min)，变工况运行范围更广 (70%~105%)。该类型叶片是高效率、高可靠性工业汽轮机长扭叶片设计的首选。

### 2.3.2 整圈自锁阻尼叶片振动理论介绍

将长扭叶片简化为一悬臂梁，叶片顶部的阻尼结构看成集中质量，阻尼结构的影响简化为一摩擦力模型, 如图 2-9 所示。

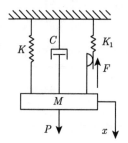

图 2-9  叶片振动简化模型

叶片的振动方程为

$$[M]\{\ddot{x}\} + [C]\{\dot{x}\} + [K]\{x\} = [P] + [F] \tag{2-17}$$

式中, $[M]$ 为质量矩阵; $[C]$ 为阻尼矩阵; $[K]$ 为刚度矩阵; $\{\ddot{x}\}$ 为节点的加速度向量; $\{\dot{x}\}$ 为速度向量; $\{x\}$ 为位移向量; $[P]$ 为激振力向量; $[F]$ 为叶片阻尼结构处的摩擦力向量。式 (2-17) 是长扭叶片振动特性研究的基础, 后续的谐响应分析同样使用该方程进行分析计算。

对于长扭叶片来说, 主要的激振力 $[P]$ 为周期性的激振力, 而其余非周期性的激振力可用傅里叶级数展开, 表示如下:

$$P = P_0 + P_1\cos(\omega t) + P_2\cos(2\omega t) + \cdots + P_n\cos(n\omega t) + \cdots \tag{2-18}$$

式中, $P_0$ 为常数项 (即稳态气流力); $n$ 为级前静叶片的个数; $\omega$ 为旋转角速度 (即基波频率); $P_1$ 为第一谐波幅值; $2\omega$ 为第二谐波频率; $P_2$ 为第二谐波幅值, 其余各项依次类推。

阻尼结构的存在使得叶片系统成为一个变刚度、变阻尼的非线性时变振动系统, 这给振动系统的特性研究带来了许多困难。主要的难点在于如何建立摩擦面上摩擦力的本构关系, 以及如何求解系统的非线性振动响应。由于摩擦过程的复杂性, 目前还没有一种可以完整描述摩擦现象的数学定律, 但是在研究摩擦阻尼时, 人们常用两种数学模型来描述摩擦面上的摩擦力: ①宏观滑移模型 (macroslip model), ②微动滑移模型 (microslip model)。下面对这两种模型进行介绍。

### 2.3.3  自锁叶片接触模型介绍

1) 宏观滑移模型

该模型假设摩擦面内所有接触点的法向正压力均为同一值, 因此, 可用一个点来替代整个摩擦面, 即单点接触模型。本节主要介绍宏观滑移模型中的滞后弹簧摩擦模型。

滞后弹簧模型如图 2-10 所示，考虑到摩擦面的接触刚度后，认为摩擦面之间的滑动不是突然发生的。当滑动载荷小于临界摩擦力时，接触点存在一定的弹性变形，模型仍存在一定的振幅。当模型的振幅过大时，滑动载荷大于临界摩擦力，摩擦面的接触点才产生相对滑移。当模型振动导致摩擦面之间的正压力为零时，阻尼不起任何作用，摩擦面处于滑动状态，此时模型为一线性系统。如果模型切向载荷始终小于摩擦力，则摩擦面一直保持黏滞状态，阻尼结构只体现出刚度特性，此时模型仍为线性系统。如果临界摩擦力小于最大切向力，则摩擦面既存在黏滞状态又存在滑动状态，摩擦力与位移之间为非线性关系，此时摩擦面既有刚度特性又有阻尼特性。如果假设位移 $x$ 按照正弦规律变化，那么滞后弹簧模型的力与位移的关系就如图 2-11 所示，该模型的轨迹为平行四边形，其力学行为更加接近实际情况，这种模型被广泛地应用到叶片振动分析当中。

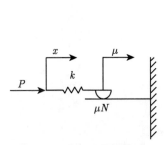

图 2-10　滞后弹簧模型

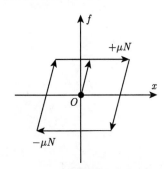

图 2-11　滞后弹簧模型中力与位移的关系

2) 微动滑移模型

当摩擦面正压力较大且压力分布不均匀时，使用微动滑移模型进行分析，其结果比宏观滑移模型更加准确。微动滑移模型认为摩擦面为多点接触，在摩擦面出现整体滑移之前，已经存在部分滑移现象。为了模拟这种现象，把摩擦面接触部分分成若干个小的宏观滑移模型，即在摩擦面内一部分区域处于滑移状态而其余部分处于黏滞状态。该模型的接触面可用多点接触来描述，相当于多个宏观滑移模型串联或并联的组合。

## 2.3.4 整圈自锁叶片数值计算新方法

用有限元方法计算叶片的接触静强度，得到叶片顶部的扭转角及相邻叶片围带之间的接触压力。计算模型包含叶片和轮盘，轮盘中心采用固定边界条件，轮盘和叶片之间的接触面设置摩擦接触对，相邻叶片围带之间的接触面设置摩擦接触对，摩擦系数根据材料特性分别设置，载荷为工业汽轮机旋转产生的离心力。

在围带或凸台接触压力大于特定阈值区域上的节点之间建立弹簧单元矩阵，用于代替接触单元，共 $n$ 个弹簧单元，且要求 $n \geqslant 30$。令弹簧单元的法向刚度

$k_{\mathrm{n}}$ 相同，切向刚度 $k_{\mathrm{t}}$ 也相同，同时令 $k_{\mathrm{n}} = \dfrac{2-\nu}{2(1-\nu)} k_{\mathrm{t}}$，$\nu$ 为叶片材料的泊松比。调整 $k_{\mathrm{t}}$ 的大小，再次进行接触叶片的静强度计算，使叶片顶部截面的当量扭转角与接触计算得到的当量扭转角结果一致。根据得到的 $k_{\mathrm{n}}$ 和 $k_{\mathrm{t}}$ 的值来计算整圈自锁叶片的动频，进行有限元带预应力的模态计算，计算得到的频率值即为整圈自锁叶片的动频。

以某低压级组整圈自锁末级扭叶片为例，其叶根为斜齿枞树形结构，叶片采用阻尼凸台拉金和自带围带的结构形式，三维模型如图 2-12 所示。

图 2-12    叶片三维模型

采用上述方法计算得到围带和凸台接触面的法向刚度 $k_{\mathrm{n}}$ 和切向刚度 $k_{\mathrm{t}}$，进行有限元带预应力的模态计算，得到整圈自锁叶片的动频。围带接触面应力及网格如图 2-13 所示。图 2-14 给出了 1～6 节径的 1 阶振型，图 2-15 为叶片节径振动坎贝尔图，从图中可以很方便地得出整圈自锁各临界转速。有限元计算结果如表 2-3 所示。

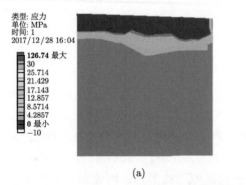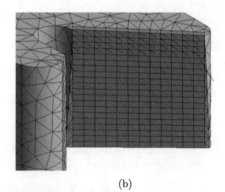

(a)                                                  (b)

图 2-13    接触面应力 (a) 及网格 (b)

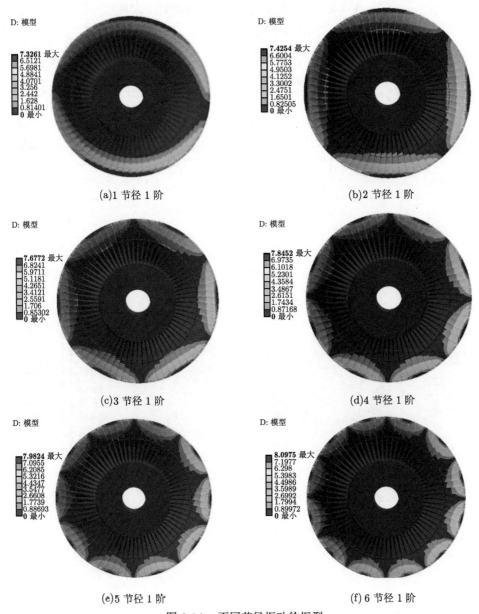

图 2-14 不同节径振动的振型

表 2-3　不同转速 (r/min) 下的动频计算结果

|  | 2500 | 3000 | 3500 | 4000 | 4500 | 5000 | 5500 |
|---|---|---|---|---|---|---|---|
| 2 节径 1 阶/Hz | 246.45 | 255.98 | 266.05 | 276.39 | 286.81 | 297.19 | 307.47 |
| 3 节径 1 阶/Hz | 267.57 | 277.99 | 289.02 | 300.38 | 311.86 | 323.36 | 334.80 |
| 4 节径 1 阶/Hz | 279.83 | 290.72 | 302.23 | 314.06 | 326.02 | 337.99 | 349.91 |
| 5 节径 1 阶/Hz | 290.73 | 301.91 | 313.75 | 325.94 | 338.27 | 350.62 | 362.94 |
| 6 节径 1 阶/Hz | 303.69 | 315.00 | 327.01 | 339.41 | 352.00 | 364.64 | 377.28 |
| 7 节径 1 阶/Hz | 320.86 | 332.12 | 344.12 | 356.58 | 369.26 | 382.07 | 394.92 |
| 8 节径 1 阶/Hz | 343.71 | 354.72 | 366.52 | 378.84 | 391.46 | 404.26 | 417.18 |

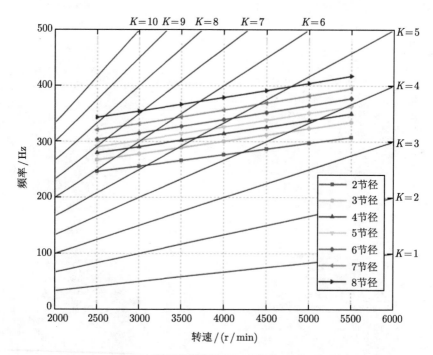

图 2-15　叶片节径振动坎贝尔图 ($K$ 为倍频数)

# 第 3 章　叶片动频试验方法

## 3.1　引　言

叶片结构复杂，叶片动频计算需要试验验证，试验尤为重要。叶片静止状态下测得的频率称为叶片静频率，简称静频，一般采用锤击法测量，拾振传感器可以采用加速度传感器、激光传感器或应变片等，数据采集和传输方案较为简单。叶片静频率是检测叶片加工质量的重要手段之一。叶片动频率与叶片静频率相对应，是指叶片在旋转状态下的频率，简称动频。由于叶片受离心力载荷，刚度较静止状态增大，因此叶片的动频也较静频有所升高。动频试验涉及从旋转部件上拾取振动信号，并将该信号传输至地面上静止的计算机或采集仪，拾振传感器需要和旋转部件一同承受较大的离心力载荷，信号传输一般采取滑环引电器或遥测的方式[23-28]。本章主要介绍了动频测试试验方案、试验设备、试验流程，并以某叶片动频测试试验为例进行了详细介绍。

## 3.2　试　验　方　法

根据 JB/T6320—2017《汽轮机动叶片测频方法》的定义，遥测法是指用贴在叶片上的传感器，将旋转叶片的振动信号通过固定在旋转部件上的发射机发射出去，由装在静止部件上的接收天线接收后，再传递给测量仪器测定动频的方法。

动频试验采用遥测法，以压缩空气激振试验转子叶片。在压缩空气脉冲激励作用下，叶片会在某些转速下产生较大振动。叶片的振动由贴于叶身上的应变计拾振，应变计电阻变化量即应变信号，通过导线输入动态应变采集模块，经桥路转换成电压信号，再经放大、滤波、A/D 转换、调制后，以 Wi-Fi 信号向空间发射；安装在试验转子附近的无线路由器接收 Wi-Fi 信号，通过导线将信号传出真空动平衡舱，被计算机采集和分析。

试验转子的转速测量是必不可少的，具备三种转速测量方法。

第一种方法如图 3-1 所示，在试验转子轴端设键槽，在键槽对应位置固定鉴相传感器并连接到转速模块，电涡流传感器可作为一种鉴相传感器。试验转子每转过一周，键槽掠过鉴相传感器一次，产生转速脉冲信号。转速模块将转速信号通过导线传出真空动平衡舱，被计算机采集，并与应变信号同步。

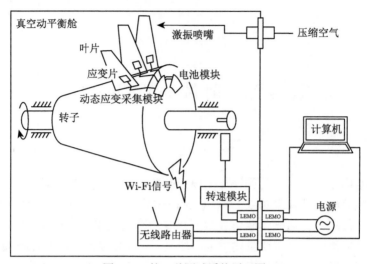

图 3-1　第一种测试系统原理图

第二种方法如图 3-2 所示，除了在试验转子上安装动态应变采集模块外，还需在试验转子上安装转速模块，在转速模块对应位置固定转速信标，试验转子每转过一周，转速模块掠过转速信标一次，产生转速脉冲信号。转速模块与动态应变采集模块通过导线连接，在转子上完成有线同步。霍尔元件可以作为一种内置于转速模块的传感器，磁钢可以作为一种转速信标。该方法不需要在试验转子轴端设键槽。

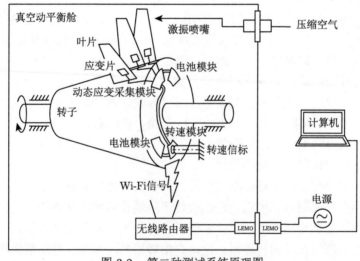

图 3-2　第二种测试系统原理图

第三种方法如图 3-3 所示，由于采用单束喷嘴，各叶片每转过一周均受到一次气流激振，叶片所受激振的频率即为转速的频率，转速信号加载于叶片振动信号中，因此，第三种方法不需要在试验转子轴端设键槽，亦不需要在试验转子上安装转速模块，只需对叶片的应变信号作傅里叶变换，从频谱中识别出激振力的一倍频即可，具有系统简单、数据简洁、转速识别精度高的特点。

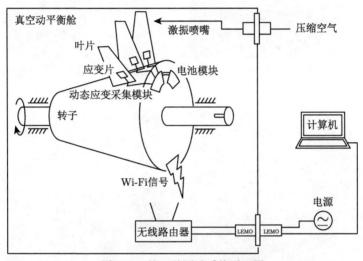

图 3-3 第三种测试系统原理图

# 3.3 试验设备

如图 3-4~图 3-14 所示，试验设备包括：高速动平衡机、压缩空气激振系统、舱壁信号线及供气管接口、摆架及试验转子、舱内压缩空气喷嘴束、舱内无线路由器等。其中，高速动平衡机由变频驱动电机、变速齿轮箱、联轴器、轴承摆架、真空泵，以及控制系统等组成。

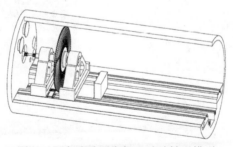

图 3-4 高速动平衡机及试验转子模型

图 3-5　动平衡舱及试验转子实物

图 3-6　压缩空气激振系统控制台

图 3-7　舱壁信号线及供气管接口

图 3-8　摆架及试验转子

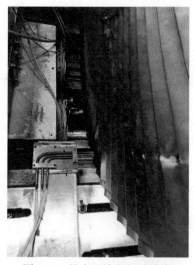

图 3-9　舱内压缩空气喷嘴束

图 3-10　舱内无线路由器

图 3-11 叶片上的压电片

图 3-12 叶片振动数据采集模块

图 3-13 压缩空气激振装置

图 3-14 激振喷管

压缩空气激振系统由空压机、控制台、管道、喷嘴束等组成。其中，空压机额定供气压力 0.8MPa，为保证供气流量，采用两台空压机进行双路同时供气；控制台配备过滤器、压力表、开关阀；内径为 $\phi$8mm、$\phi$10mm、$\phi$12mm 的喷管安装在一起，形成舱内压缩空气喷嘴束，各支路的开闭可以在控制台上实现。经过试验测定，在喷嘴束全开状态下，可提供一股较为稳定的激振力。尽管激振力的大小与叶片承受的离心力相比相当微小，但足以激起可被测量的叶片共振。叶片共振频率是叶片的固有属性，与激振力的大小无关。

喷嘴束与转子轴线平行，压缩空气喷射方向为逆蒸汽流动方向，从叶片下游射向叶片尾缘，喷射位置尽量取叶身较薄处，这样易激起振动。

压缩空气激振时，高速动平衡机配备的两套真空泵同时持续开启，理论计算和实际运行都表明，喷嘴束全开时，流入真空动平衡舱内的空气量不至于破坏舱内真空度。

# 3.4   试 验 仪 器

如表 3-1 所示，试验仪器包括：应变片、应变花、热电阻、动态应变采集模块、电池模块、无线路由器以及相关软件等。表 3-2 给出了重要的技术参数。

表 3-1   试验仪器概况

| 序号 | 名称 | 技术参数 | 图片 |
|---|---|---|---|
| 1 | 应变片 | 电阻值 (120.5±0.1)Ω；<br>灵敏系数 2.22(±1%)；<br>许用温度 −30~+80℃；<br>应变极限 2.0% | |
| 2 | 应变花 | 电阻值 (120.1±0.4)Ω；<br>灵敏系数 2.11(±1%)；<br>许用温度 −30~+80℃；<br>应变极限 2.0% | |
| 3 | 热电阻 | PT100 A 级；<br>符合 IEC60751 标准；<br>测量范围 −50~+400℃ | |
| 4 | 动态应变采集模块 | 见表 3-2 | |
| 5 | 电池模块 | 工作时间不少于 3h；带电量指示灯和电量软件显示 | |
| 6 | 无线路由器 | 工作频率 2.4~2.483GHz；<br>无线速率 300Mbit/s；<br>5dBi 全向天线；<br>支持 Passive PoE 供电 | |
| 7 | 相关软件 | DHDAS 数据采集；<br>信号处理软件 | |

表 3-2 动态应变采集模块技术参数

| 序号 | 技术指标 | 技术参数 |
|---|---|---|
| 1 | 通道数 | 每个采集模块 1 个测量通道 |
| 2 | 通信接口 | 2.4GHz Wi-Fi 无线网络接口 |
| 3 | 通信距离 | 无遮挡 200m |
| 4 | 输入阻抗 | $10M\Omega+10M\Omega$ |
| 5 | 输入保护 | 当输入电压超过 $\pm5V$ 时, 放大器实行全保护 |
| 6 | 应变满度值 | $\pm3000\mu\varepsilon \pm 6000\mu\varepsilon$ |
| 7 | 频带宽度 | DC~3.9kHz |
| 8 | 共模抑制 | 不小于 100dB |
| 9 | 桥路类型 | 三线制 1/4 桥、半桥、全桥 |
| 10 | 仪器内置存储 | 8G |
| 11 | A/D 分辨率 | 16 位 |

# 3.5 测点布置

在叶身下部, 靠近圆角处, 布置应变计。具体位置为: 应变计中心距离叶片尾缘 30mm, 距离叶身底部平台 30mm, 如图 3-15 所示, 图中, $X$ 为径向、$Y$ 为周向、$Z$ 为轴向。

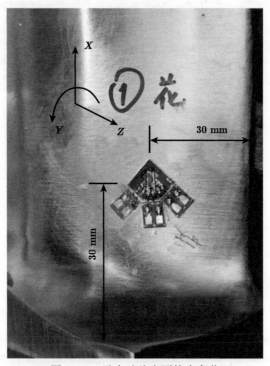

图 3-15 贴在叶片表面的应变花

　　在应变计引线对应的位置布置接线端子，采用外径 0.4mm 的镀银高温线连接接线端子和采集模块，贴片和布线完成后的试验转子见图 3-16。该工艺可以保证导线及应变片在较大离心力载荷下仍能与试验件可靠固定，不易飞脱。考虑到应变测点线速度有限，温升亦有限，但连接应变计和采集模块的导线较长，导线电阻和温升无法忽略，故应变计接法采用三线制 1/4 桥，有效解决了单臂测量时应变计无法平衡的问题，且抵消了长导线热效应的输出问题。各模块均采用同步线同步，保证各模块采样时钟同步。

图 3-16    转子表面布线

　　采集模块和电池模块通过圆弧板安装在遥测安装环内壁，遥测安装环是轮盘的一部分，加工时在轮盘上车削成型，经计算完全可以承受其自身及采集模块在高速旋转下的离心力载荷。

　　考虑到被测物理量在各叶片间可能存在一定的分散度，在圆周方向选择 0°、90°、180°、270° 对应位置的叶片布置应变计。测点布置示意图如图 3-17 所示。图中标示了叶片编号，叶片上布置的传感器名称，传感器对应的采集模块编号、IP 地址，应变计电阻值，导线电阻值。其中，SG 指应变片、SR 指应变花、RTD 指热电阻。

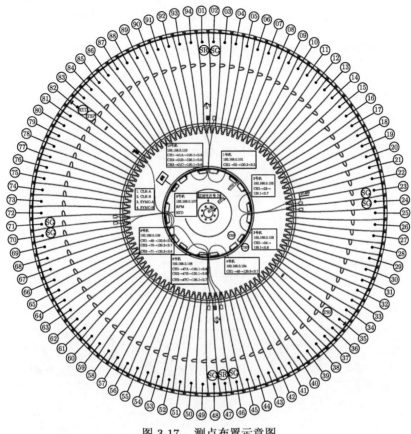

图 3-17 测点布置示意图

传感器及其对应的叶片编号见表 3-3。本试验采用了 4 个单通道动态应变采集模块，分别对应 4 只叶片上的 4 枚应变片；3 个三通道动态应变采集模块，分别对应 3 只叶片上的 3 枚应变花；1 个温度采集模块，对应 1 只叶片上的 1 枚热电阻。

表 3-3 传感器及叶片编号

| 叶片编号 | 传感器 | 采集模块编号 | 采集模块通道数 |
|---|---|---|---|
| 1 | 应变花 | 10 | 3 |
| 2 | 应变片 | 1 | 1 |
| 23 | 应变片 | 2 | 1 |
| 24 | 应变片 | 3 | 1 |
| 46 | 应变片 | 4 | 1 |
| 47 | 应变花 | 8 | 3 |
| 48 | 应变片 | | |
| 70 | 应变片 | 9 | 3 |
| 71 | 应变片 | | |
| 82 | 热电阻 | 7 | 1 |

# 3.6　试　验　流　程

试验流程以叶片加工开始，以数据分析结束，分准备、试验和分析三个阶段，共 14 个步骤，如图 3-18 所示。

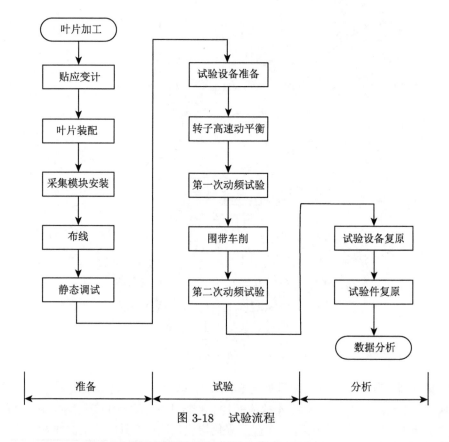

图 3-18　试验流程

(1) 叶片加工：叶片按照图纸加工到位，通过质量检查。

(2) 贴应变计：在叶身上贴应变计和接线端子，贴片前通过测量、划线，确定位置，保证被测叶片贴片位置的一致性。

(3) 叶片装配：装配完毕后检查相邻叶片间围带和凸台的装配间隙。

(4) 采集模块安装：通过圆弧板成对固定采集模块和电池模块，并安装到轮盘相应的环形结构内壁。

(5) 布线：在叶片和轮盘上固定连接应变计和采集模块的导线，通过胶布固定采集模块的同步线。

(6) 静态调试：采集模块上电，连接到无线路由器，通过上位机软件检查通信状态，用铜棒逐一敲击各被测叶片，检查应变信号的响应。

(7) 试验设备准备：安装压缩空气激振系统，包括供气软管接入真空动平衡舱、喷嘴定位、试喷气；安装无线信号传输系统，包括信号线接入真空动平衡舱、舱内无线路由器安装；试验系统联合调试。

(8) 转子高速动平衡：先低速动平衡，后高速动平衡。

(9) 第一次动频试验：所有仪器上电，完成通信联网，启动数据采集；动平衡舱抽真空后，电机驱动转子快速升至最高转速，待转速稳定，开启激振气源，同时，动平衡机以最小降速率降速运行，通过上位机软件观察叶片应力及振动变化；当转速降至最低试验转速时，关闭激振气源；继续降速至停止转动，试验数据停止采集。试验全程保持真空泵运行，以保证舱内真空度达标。

(10) 围带车削：根据第一次动频试验的结果，结合有限元计算结果，确定围带车削量；采用工艺保证在车床低速旋转时，消除围带间隙，减小叶片的让刀变形，有利于车削加工和尺寸控制。围带车削完毕后，钳工去毛刺 (注：若无须第二次试验，则直接跳到步骤（12）；

(11) 第二次动频试验：与第一次动频试验流程相同；

(12) 试验设备复原：拆除压缩空气激振系统、无线信号传输系统；

(13) 试验件复原：拆除应变计、导线、采集模块；

(14) 数据分析：对试验全流程采集到的数据进行详细分析。

## 3.7 案例介绍

某型叶片原始围带厚度 30mm，经第一次动频试验后，确定围带厚度调整量，经车削后，围带厚度 25mm。试验历程如表 3-4 所示，各轮试验的最高转速、最低转速分别为 3000r/min、1000r/min，平均降速率不超过 3r/(min·s)。其中，第 0 轮试验分别为试验转子装配完毕后、试验转子车削完毕后，首次安装至动平衡机，并升转速到 3000r/min。考虑到叶根与叶根槽、相邻叶片的凸台、相邻叶片的围带之间，在高转速、高离心力作用下会发生相互错动，可能导致叶片的装配

表 3-4　试验历程

| 围带外圆<br>直径/mm | 试验<br>轮次 | 最高转速<br>/(r/min) | 最低转速<br>/(r/min) | 经历时间<br>/s | 平均降速率<br>/(r/(min·s)) |
|---|---|---|---|---|---|
| | 0 | 3000 | 1000 | 920 | 2.17 |
| | 1 | 3000 | 1120 | 910 | 2.07 |
| 2880 | 2 | 3000 | 1000 | 1150 | 1.74 |
| | 3 | 3000 | 1000 | 1100 | 1.82 |
| | 0 | 3000 | 1000 | 900 | 2.22 |
| | 1 | 3000 | 1000 | 970 | 2.06 |
| 2870 | 2 | 3000 | 1000 | 930 | 2.15 |
| | 3 | 3000 | 1000 | 710 | 2.82 |

状态轻微改变，且这种改变会保留到后续试验中，为防止其对试验结果造成不确定的影响，第 0 轮试验数据不参与试验结果分析，第 0 轮试验对叶片和轮盘的拉伸是有必要的。

图 3-19 示意了典型的一轮试验测点应变及温度变化，图中横坐标为试验经历的时间，左侧纵坐标指示贴于叶身下部的应变片测量到的叶片应变值，右侧纵坐标指示贴于相应位置的热电阻测量到的叶片温度值，应变片和热电阻分别贴于两只叶片的相同部位。在电机驱动下，转速快速上升至最高转速 3000r/min，测点应变达到 1800με，转速稳定后，开启激振气源，叶片受到压缩空气激振，同时，动平衡机以最小降速率降速运行，测点应变逐渐减小。由于离心力远大于激振力，因此在图示坐标尺度上观察到的应变变化是叶片所受离心力的表征。直至动平衡机降速至最低转速 1000r/min，关闭激振气源，随后转速快速降低至零，测点应变快速减小。在上述过程中，测点温度在转速快速上升阶段，由 33℃ 较缓慢地升高到 35℃，这是因为动平衡舱内真空度较高，在 1‰ 标准大气压下，极少量空气与高速旋转的叶片摩擦，造成叶片温度升高了 2℃。在转速稳定后，叶片温度也趋于稳定，时间上略滞后于转速起始稳定点。降速激振阶段，由于喷入压缩空气，叶片周围空气密度增大，空气与叶片摩擦加剧，叶片不断搅动空气，使叶片温度从 35℃ 快速升高到 42℃。试验中真空泵全程保持运行，进入动平衡舱的压缩空气会被不断抽离，所以空气及叶片温度不至于升高过多，反而还带走了一部分叶片热量，使叶片温度有所降低，但由于缺乏较强的对流换热，叶片温度降低有限。

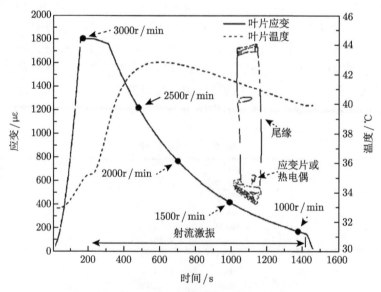

图 3-19　典型的一轮试验测点应变及温度变化

由于采用了上述第三种转速测量方法,故图中所注转速是应变信号经傅里叶变换后识别出激振力的一倍频获得的,目的是示意性地表明时间、应变及转速的相互关系。

图 3-20 所示为从图 3-19 中截取的 530.0~530.5s 的应变信号及其频谱。在时域上,应变信号在 1083~1092με 波动,在频域上,对小于 1Hz 的直流分量隔离后,可以观察到主要的频谱成分由强到弱依次为 158.6Hz、39.65Hz、79.3Hz。其中,39.65Hz 为转速的一倍频,对应转速为 2379r/min;79.3Hz 为转速的二倍频;158.6Hz 为转速的四倍频。图示恰好是 4 节径 1 阶的"三重点"共振频谱,转速的三倍频在该频谱图中不明显。

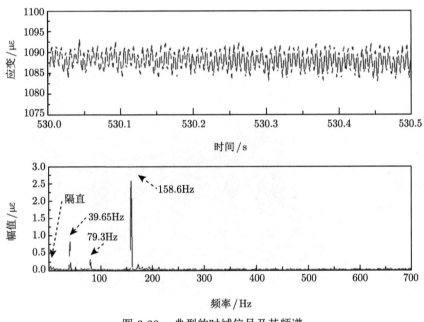

图 3-20 典型的时域信号及其频谱

在 2kHz 采样率下,对激振阶段采集到的应变信号加汉宁窗后,逐点作傅里叶变换,得到经历各转速的一系列频谱,对隔直频谱中频率最小的主要成分进行识别,鉴别出转速的一倍频,将每一整数转速的频谱按照转速由小到大的顺序排列,构成坎贝尔图 (图 3-21) 和瀑布图 (图 3-22),其中,坎贝尔图以色彩表示频率幅值,瀑布图以三维呈现频率峰值。

从严格意义上说,本试验测得的振动频率均为叶盘耦合振动的频率,但由于轮盘刚度相对叶片刚度大得多,激振力大小又十分有限,故实际获得的振动频率主要是叶片振动频率。

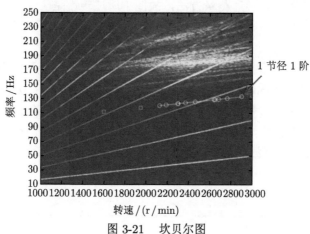

图 3-21　坎贝尔图

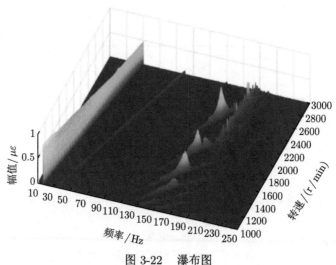

图 3-22　瀑布图

## 3.8　试 验 结 果

　　在坎贝尔图 (图 3-21) 中,可以清晰地观察到激振力谐波、叶片的固有频率,"三重点"呈现明显亮斑。由于本试验采用了单束喷嘴,因此,激振力谐波与转速谐波一致。此外,从坎贝尔图中还能观察到 1 节径 1 阶固有频率。在瀑布图 (图 3-22)中,"三重点"峰值明显,还可以清晰地观察到转速谐波,激振力的第一阶谐波尤其显著。在阶次跟踪图中 (图 3-23~图 3-25),各阶次"三重点"峰值明显。

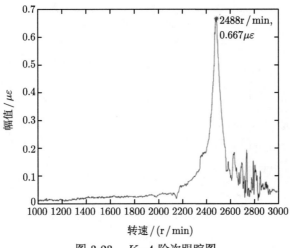

图 3-23 $K=4$ 阶次跟踪图

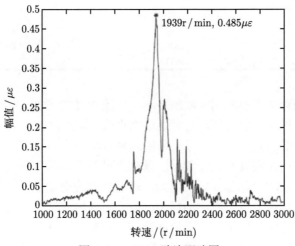

图 3-24 $K=5$ 阶次跟踪图

表 3-5 中列出了在本试验中可以直接观测到的"三重点",包含了 4、5、6 节径"三重点",但是 3 节径"三重点"也是需要关心的,属于与工作转速相邻的两个"三重点"中的一个,另一个是 4 节径"三重点",已经在试验中观测到。而有限元计算结果表明 3 节径"三重点"共振转速在 3600r/min 左右,该转速已十分接近该叶片设计额定转速的 1.21 倍,处于强度和振动的安全边界,加之考虑到第 80 号叶片围带内圆近尾缘处,存在缺口应力集中,试验转速接近或试探 3 节径"三重点"存在较大安全风险,故将试验最高转速确定为 3000r/min。

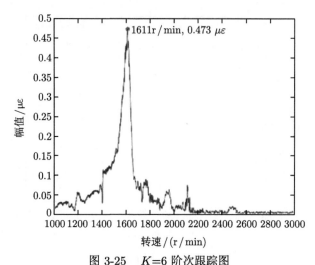

图 3-25 $K=6$ 阶次跟踪图

**表 3-5 试验数据表 (围带厚度 25mm)**

| 阶次 | 三重点转速/ (r/min) | 应变幅值/με |
|---|---|---|
| 4 | 2488 | 0.667 |
| 5 | 1939 | 0.485 |
| 6 | 1611 | 0.473 |

通过试验获得的坎贝尔图清晰地显示了转速的 3 阶谐波、叶片的 3 节径固有频率，前者为通过原点的射线，后者近似为直线，两直线的交点即可确定为 3 节径"三重点"，如图 3-26 所示。尽管采用这种方法获得的 3 节径"三重点"并非直接观测到的，而是在现有试验数据的基础上外推得到的，但这种外推是合理且有依据的。因为从坎贝尔图的定义可知，转速的谐波必定是直线，可以用直线方程表达，而随着转速升高，离心力增大，叶身扭转恢复增大，相邻围带、凸台间的挤压力亦分别增大，围带、凸台的接触刚度逐渐增加并趋于稳定，叶片的固有频率趋于直线，所以可以用线性拟合的方式描绘出较高转速区域叶片的固有频率与谐波阶次线的交点即可确定"三重点"。

如前所述，从部分坎贝尔图中能观察到叶片的 1 节径固有频率，而叶片的固有频率由叶片的质量分布和刚度分布决定，其中，刚度分布也包含了边界条件中的接触刚度。取自不同试验轮次、不同叶片的数据点，拟合出的叶片 1 节径固有频率如图 3-27 所示，对分析不同转速下的接触刚度意义重大。

如图 3-28 所示，试验"三重点"的分散度随着节径数的升高而增大，这是因为模态阶数越高，参与模态运动的有效质量越少，不同叶片之间落入公差带的几何尺寸的差异造成的影响越明显，或者说，高阶模态对质量分布和刚度分布的影

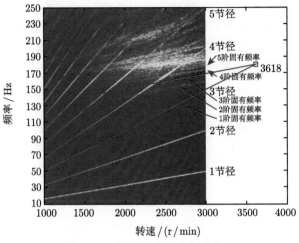

图 3-26　外推 3 节径"三重点"

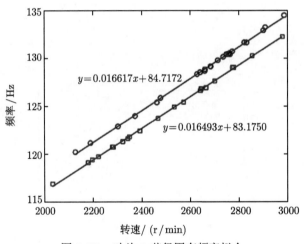

图 3-27　叶片 1 节径固有频率拟合

响更敏感。低阶模量的模态有效质量高,对叶片之间的几何尺寸差异不太敏感,所以低节径"三重点"分散度较低。原始围带顶面为平面,经车削后,形成外圆圆弧面,改善了叶片之间的几何尺寸差异,减小了高节径"三重点"的分散度。另一方面,叶片表现出来的振动是整圈振动,随着转速升高,离心力增大,叶身扭转恢复增大,相邻围带、凸台间的挤压力亦分别增大,而低节径"三重点"的转速较高,相邻围带、凸台间的挤压力亦较高节径的大,因此,围带间隙的分散度对接触刚度的影响被削弱了,而当转速较低,相邻围带、凸台间的挤压力较小时,围带间隙的不均匀性对高节径"三重点"的分散性的影响就体现出来了，本质上仍然是不同叶片刚度分布的不一致造成的，整圈振动削弱了这种不一致的影响。通过动频试验可以确认，在 2700～3300r/min 转速范围内，无叶片"三重点"共振满足整圈成组叶片的动频控制要求，如图 3-29 所示。

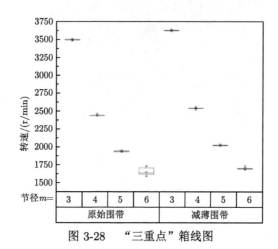

图 3-28　"三重点"箱线图

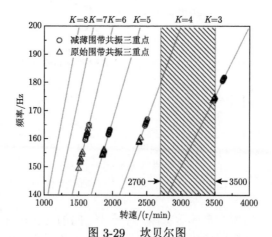

图 3-29　坎贝尔图

表 3-6 列出了围带厚度 30mm 的"三重点"共振转速的试验均值、有限元计算值及其偏差，结果显示计算值较试验均值偏大，最大偏差小于 3%。表 3-7 列出了围带厚度 25mm 的"三重点"共振转速的试验均值、有限元计算值及其偏差，结果显示计算值较试验均值偏大，最大偏差小于 4%。

表 3-6 围带厚度 30mm 的 "三重点" 试验值与计算值对比

| 围带外圆直径/mm | 节径数 | 试验均值/(r/min) | 计算值/(r/min) | 偏差/% |
|---|---|---|---|---|
| 2880 | 3 | 3486 | 3590 | 2.98 |
| | 4 | 2382 | 2443 | 2.56 |
| | 5 | 1859 | 1877 | 0.97 |
| | 6 | 1534 | 1547 | 0.85 |

表 3-7 围带厚度 25mm 的 "三重点" 试验值与计算值对比

| 围带外圆直径/mm | 节径数 | 试验值/(r/min) | 计算值/(r/min) | 偏差/% |
|---|---|---|---|---|
| 2870 | 3 | 3621 | 3758 | 3.78% |
| | 4 | 2487 | 2576 | 3.58% |
| | 5 | 1947 | 1979 | 1.64% |
| | 6 | 1606 | 1625 | 1.18% |

由有限元静强度计算可得，3000r/min 时，围带厚度为 30mm 和 25mm 时，叶片测点位置的第三强度理论应力分别为 326.02MPa 和 318.72MPa。其中，材料弹性模量取 $2.061\times10^5$MPa，泊松比取 0.3。根据第 47 号叶片上布置的应变花在 3000r/min、未激振时采集到的数据，可以计算出第一主应力和第三主应力，如表 3-8 所示，比较试验和计算得到的第三强度理论应力，两者偏差较小，可见有限元计算是可靠的、应变花定位准确。

表 3-8 测点应力测量值与计算值对比

| | 30mm | | | 25mm | | |
|---|---|---|---|---|---|---|
| | 1 | 2 | 3 | 1 | 2 | 3 |
| 转速/(r/min) | | 3000 | | | 3000 | |
| $\varepsilon_{0°}$/$\mu\varepsilon$ | 357.59 | 376.67 | 368.92 | 359.51 | 343.50 | 343.54 |
| $\varepsilon_{45°}$/$\mu\varepsilon$ | 1586.82 | 1591.14 | 1589.98 | 1526.98 | 1523.84 | 1518.92 |
| $\varepsilon_{90°}$/$\mu\varepsilon$ | 768.95 | 771.30 | 774.28 | 738.67 | 733.85 | 726.52 |
| 第一主应力 $\sigma_1$/MPa | 331.36 | 333.26 | 332.91 | 319.59 | 317.82 | 316.44 |
| 第三主应力 $\sigma_3$/MPa | 0.32 | 4.73 | 3.68 | 3.75 | −0.62 | −1.38 |
| $\sigma_1-\sigma_3$/MPa | 331.04 | 328.53 | 329.23 | 315.84 | 318.44 | 317.82 |
| 计算值/MPa | | 326.02 | | | 318.72 | |
| 偏差/% | −1.51 | −0.76 | −0.98 | 0.91 | 0.09 | 0.28 |

# 第 4 章　叶片安全设计准则

## 4.1　引　言

以往的叶片振动安全准则没有将静应力和动应力联系起来，忽视了叶片承受动应力的能力与静应力大小的关系。为此，对国内运行机组叶片断裂事故进行了调查分析，并参照国外资料，制定了《汽轮机不调频叶片振动强度安全准则》。本章主要介绍了基于流固耦合的评判新准则，以此来综合评价叶片的安全性和可靠性 [29,30]。

## 4.2　叶片受力分析

(1) 叶片工作应力包括静应力 $\sigma_{st}$ 和动应力 $\sigma_d$ 两部分：

$$\sigma = \sigma_{st} + \sigma_d \tag{4-1}$$

叶型部分的静应力主要由离心拉应力 $\sigma_{ct}$、离心弯应力 $\sigma_{cb}$ 和总的蒸汽静弯应力 $\sigma_{sb}$ 组成

$$\sigma_{st} = \sigma_{ct} + \sigma_{cb} + \sigma_{sb} \tag{4-2}$$

叶型部分的动应力 $\sigma_d$ 通常是汽流不均匀和其他因素引起的周期性激振力所激发的。

(2) 激振力分类。

叶片受到周期性的激振力，激振频率为转速的整倍数。

①第一类激振力是频率为 $n$, $2n$, $3n$, $\cdots$, $kn$ 的激振力，简称"$kn$ 激振力"。$k$ 为 $kn$ 激振力的谐波阶次。

②第二类激振力是频率为 $Zn$, $2Zn$, $\cdots$, $KZn$ 的激振力，简称"喷嘴激振力"。$K$ 为喷嘴激振力的谐波阶次。

(3) 工业汽轮机的运行实践表明，最危险的共振主要是：

①叶片切向 A0 型振动频率和第一类激振力的频率合拍——第一种共振。

②叶片切向 B0 型振动频率和第二类激振力的频率合拍——第二种共振。

③叶片切向 A0 型振动频率和第二类激振力的频率合拍——第三种共振。

本章介绍的准则所适用的"不调频叶片"就是不需要调开上述相应类型共振的叶片。

(4) 动应力。

叶片在激振力作用下发生振动，在共振状态下，其动应力的幅值将达到很大的数值。对一般不调频叶片，通常认为叶片激振力的幅值正比于作用在叶片上的静态蒸汽作用力 $F$。因此叶片动应力的幅值 $\sigma_d$ 也可以认为是正比于作用在叶片上的蒸汽静弯曲应力 $\sigma_{sb}$。于是可得如下关系式

$$\sigma_d = D \cdot \sigma_{sb} \tag{4-3}$$

式中的比例系数 $D$ 主要取决于叶片的结构形式、阻尼性能、振动形式、共振阶次，以及与结构密切相关的激振力的水平等因素。

## 4.3　材料强度

叶片材料的静强度用屈服强度 $\sigma_{0.2}$ 和高温下的持久强度、蠕变强度等指标表征，其动强度用耐振强度 $\sigma_a^*$ 表征。

耐振强度 $\sigma_a^*$ 是材料在动、静应力复合作用下的动强度指标。对于叶片，也就是在静应力作用下所能承受的最大交变弯曲应力的幅值。当静应力为零时，耐振强度 $\sigma_a^*$ 等于疲劳强度 $\sigma_{-1}$；当静应力增大时，$\sigma_a^*$ 相应降低。$\sigma_a^*$ 和 $\sigma_{-1}$ 需要根据工作温度、介质、材料表面状态、尺度等因素的影响加以修正。

## 4.4　叶片振动强度的校核

为了保证工业汽轮机叶片安全使用，除了必须满足静强度的要求外，还必须考虑其动强度。对于不调频叶片，就是要保证其在共振条件下仍能长期安全使用。因此，不调频叶片在共振时的动应力幅值 $\sigma_d$ 必须满足如下条件：

$$\sigma_d \leqslant \frac{\sigma_a^*}{n_s} \tag{4-4}$$

式中，$\sigma_a^*$ 是材料的耐振强度；$n_s$ 是安全系数。

由式 (4-4)，用叶片的蒸汽静弯曲应力来表示动应力，再经移项处理，上述条件就可以改写成

$$\frac{\sigma_a^*}{\sigma_{sb}} \geqslant D \cdot n_s \tag{4-5}$$

式中，左边的 $\sigma_{sb}$ 和 $\sigma_a^*$ 都是可以通过计算和材料试验来确定的。但在应用 $\sigma_a^*/\sigma_{sb}$ 的时候，还必须根据一系列影响叶片耐振强度和蒸汽弯应力的因素对 $\sigma_a^*$ 和 $\sigma_{sb}$

进行修正，从而得到修正的耐振强度 $(\sigma_\text{a}^*)$ 和修正的蒸汽弯应力 $(\sigma_\text{sb}^*)$ 之比。因此，叶片要在共振条件下长期安全运行，就必须满足：

$$\frac{\sigma_\text{a}^*}{\sigma_\text{sb}^*} \geqslant D \cdot n_\text{s} \tag{4-6}$$

上式右边的 $D$ 和 $n_\text{s}$ 目前尚不能完全准确地确定，但是可以通过统计的方法来解决这个问题。

对大量类型相似的工业汽轮机进行统计，将其中在共振状态下运行的叶片 (包括长期安全运行的和由于共振破坏的叶片) 按上述理论进行分析计算，分别算出它们的 $\sigma_\text{a}^*/\sigma_\text{sb}^*$ 值。然后按照叶片的振型和共振谐波阶次进行整理，得到 $\sigma_\text{a}^*/\sigma_\text{sb}^*$ 与 $f_\text{d}/n$(或 $K$) 的关系，如图 4-1 所示。从图上可以看到安全叶片的点和事故叶片的点之间有明显的分界 (这个分界也就代表了 $D \cdot n_\text{s}$ 的边界)，所有发生事故的叶片都在分界的下方，分界上方的叶片都是安全运行的。于是，校核动强度的条件式 (4-6) 就转化为要求 $\sigma_\text{a}^*/\sigma_\text{sb}^*$ 值位于该图中的界线之上。

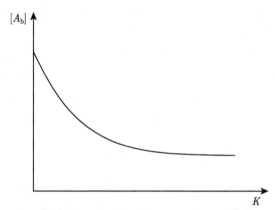

图 4-1　不调频叶片的 $[A_\text{b}]$-$K$ 曲线

为了便于使用，把 $\sigma_\text{a}^*/\sigma_\text{sb}^*$ 记作 $A_\text{b}$，定名为安全倍率；把界线处的 $A_\text{b}$ 值记作 $[A_\text{b}]$。这样，在理论分析和大量实践经验相结合的基础上得到了一个新的校核叶片动强度的安全准则：

$$\frac{\sigma_\text{a}^*}{\sigma_\text{sb}^*} = A_\text{b} \geqslant [A_\text{b}] \tag{4-7}$$

## 4.5　安全倍率的计算

叶片安全倍率计算公式如下：

$$A_\text{b} = \frac{K_1 \cdot K_2 \cdot K_\text{d} \cdot \sigma_\text{a}^*}{K_3 \cdot K_4 \cdot K_5 \cdot K_\mu \cdot \sigma_\text{sb}^*} \tag{4-8}$$

式中，$\sigma_a^*$ 为叶片材料的耐振强度；$\sigma_{sb}^*$ 为蒸汽弯应力；$K_1$ 为工作介质的腐蚀系数；$K_2$ 为叶片表面质量影响系数；$K_3$ 为有效应力集中系数；$K_4$ 为通道面积改变的影响系数；$K_5$ 为流场不均匀影响系数；$K_\mu$ 为叶片连接成组影响系数；$K_d$ 为叶片尺寸系数。

图 4-2 给出了 1Cr13 的复合疲劳曲线图。

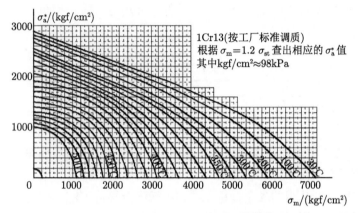

图 4-2　1Cr13 复合疲劳曲线图

图 4-3 给出了尺寸系数曲线图。

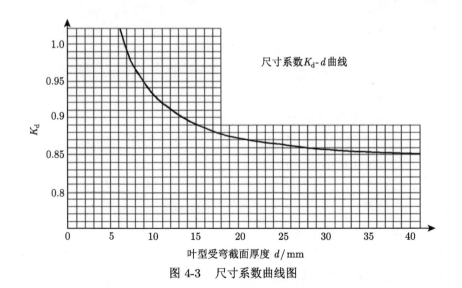

图 4-3　尺寸系数曲线图

以上各个系数的具体计算可参见《工业汽轮机行业技术手册》[30]，由此可以算得叶片各截面的安全倍率。

## 4.6　不调频叶片振动强度安全准则

(1) 切向 A0 型振动与 $Kn$ 共振的第一种不调频叶片的安全倍率界限值 $[A_b]$。

工业汽轮机叶片组的安全倍率 $A_b$ 不低于许用值 $[A_b]$，则可作为第二种不调频叶片而安全使用，其中 $[A_b] = 10$。

表 4-1　不调频叶片许用安全倍率

| $K$ | 2 | 3 | 4 | 5 | 6 | 7 | 8 | 9 | 10 | 11 | 12 |
|---|---|---|---|---|---|---|---|---|---|---|---|
| $[A_b]$ | — | 10.0 | 7.8 | 6.2 | 5.0 | 4.4 | 4.1 | 4.0 | 3.9 | 3.8 | 3.7 |

(2) 切向 B0 型振动与 $Zn$($Z$ 为喷嘴只数，$n$ 为转速) 共振的第二种不调频叶片的安全倍率界限值 $[A_b]$。

工业汽轮机叶片组的安全倍率 $A_b$ 如不低于界限值 $[A_b]$，则可作为第二种不调频叶片而安全使用 $[A_b] = 10$。

(3) 切向 A0 型振动与 $Zn$ 共振的第三种不调频叶片 (组) 的安全倍率界限值 $[A_b]$ 在目前情况下，对于 A0 型高频不调频叶片的界限值 $[A_b]$，暂推荐：

全周进汽级 $[A_b] = 45$。

部分进汽级 $[A_b] = 55$。

## 4.7　基于流固耦合的叶片安全准则应用算例

1) 工业汽轮机长叶片安全倍率计算算例

以某低压机组末级长叶片为研究对象，采用热固耦合方法获得叶片的气流弯应力分布，如图 4-4 所示。

同时，按前述方法，计算了叶片的安全倍率，如表 4-2 所示。叶型前缘 75% 叶高处的安全倍率为 13.8，远大于许用值，因此满足考核要求。

2) 燃气轮机叶片安全倍率计算算例

以某燃气轮机涡轮末级自由叶片为研究对象，采用流热固耦合方法获得叶片的气流弯应力分布，如图 4-5 所示。

同时，按前述方法，计算了叶片的安全倍率，如表 4-3 所示。型底前缘的安全倍率为 3.69，大于许用安全倍率 3.5，因此满足考核要求。

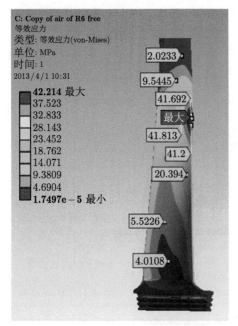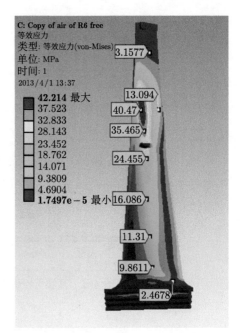

图 4-4 气流弯应力分布

表 4-2 工业汽轮机叶片安全倍率计算

| 变量 | 数值 |
| --- | --- |
| 离心拉应力/MPa | 250 |
| 离心弯应力/MPa | 8 |
| 气流弯应力/MPa | 42.2 |
| $\sigma_m$/MPa | 360.2 |
| $\sigma_{-1}$/MPa | 265 |
| $K_1$ | 0.8 |
| $K_2$ | 1 |
| $K_3$ | 1.4 |
| $K_d$ | 0.85 |
| $K_4$ | 1 |
| $K_\mu$ | 0.2 |
| $K_5$ | 1.1 |
| $A_b$ | 13.8 |
| $[A_b]$ | 6.2 |

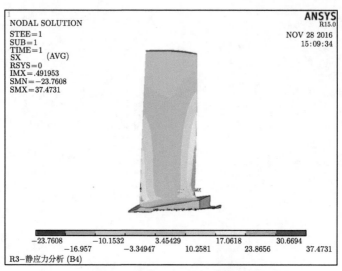

图 4-5　某燃气轮机末级动叶气流弯应力云图

表 4-3　燃气轮机叶片安全倍率计算

| 变量 | 数值 |
| --- | --- |
| 离心拉应力/MPa | 307 |
| 离心弯应力/MPa | 7 |
| 气流弯应力/MPa | 37 |
| $\sigma_{\mathrm{m}}$/MPa | 421.2 |
| $\sigma_{-1}$/MPa | 227 |
| $K_1$ | 1 |
| $K_2$ | 1 |
| $K_3$ | 1.3 |
| $K_{\mathrm{d}}$ | 0.86 |
| $K_4$ | 1.1 |
| $K_\mu$ | 1 |
| $K_5$ | 1 |
| $A_{\mathrm{b}}$ | 3.69 |
| $[A_{\mathrm{b}}]$ | 3.5 |

# 第 5 章　转子动力学分析

## 5.1　引　言

透平机械转子是个结构复杂的弹性系统，它除了受静载荷作用外，还受到转子质量不平衡引起的振动、轴承油膜失稳产生的油膜振荡和由密封间隙力产生的气流激振等，工业汽轮机、燃气轮机等透平机械则是在这些振动状态下工作的，其振动值的大小会直接影响机组的安全运行。如何减小转子系统的振动是透平机械研究的重要课题，本章主要介绍了基于有限元理论的透平转子动力学分析方法[31,32]。

## 5.2　转子动力学基本理论介绍

### 5.2.1　刚性支承下的单圆盘转子振动

对卧式转子来说，转子的自重使转子产生静挠度，由静挠度产生的弹性恢复力正好和转子的自重平衡。如以转子的静挠度曲线作为位移的坐标原点，则运动微分方程中静挠度产生的弹性恢复力和转子自重力刚好可以消去，即使以轴承中心线为坐标原点，因静挠度一般较小可以忽略不计，因此可以不考虑转子自重对振动的影响，将转子竖直放置，见图 5-1。不考虑阻尼的影响，则单个轮盘转子自由振动的方程如下[32,33]：

$$\ddot{x} + \omega_{\mathrm{n}}^2 x = 0$$
$$\ddot{y} + \omega_{\mathrm{n}}^2 y = 0 \tag{5-1}$$

式中，$x$、$y$ 表示圆盘中心 $O'$ 的坐标；$\omega_{\mathrm{n}}^2 = k/m$，$k$ 为轴的刚度系数，$m$ 为轮盘的质量。

式 (5-1) 的解可写作

$$x = X \cos(\omega_{\mathrm{n}} t + \alpha_x)$$
$$y = Y \cos(\omega_{\mathrm{n}} t + \alpha_y) \tag{5-2}$$

式中，$t$ 表示时间；振幅 $X$、$Y$ 和初相位 $\alpha_x, \alpha_y$ 由初始条件决定。由上式可知，圆盘或转轴的中心 $O'$ 在互相垂直的两个方向做频率同为 $\omega_{\mathrm{n}}$ 的简谐运动，圆盘中心

$O'$ 的轨迹为一椭圆，椭圆长轴位置取决于初始条件。转子自由振动的振幅与初始条件有关，而自振频率 $\omega_n$ 只与转子的质量和刚度系数有关，与初始条件无关。

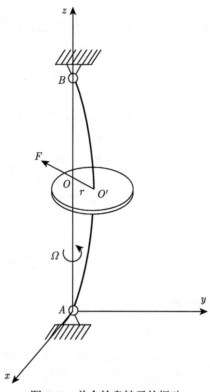

图 5-1   单个轮盘转子的振动

实践证明，工业汽轮机转子的质心与其几何中心并不重合，$e = O'c$ 称为偏心距，如图 5-2 所示。偏心质量产生的离心力 $me\omega^2$ 作用在转子上，使轴产生弹性变形，使转子发生强迫振动，圆盘中心 $O'$ 的运动微分方程为

$$\begin{aligned}
\ddot{x} + \omega_n^2 x &= e\omega^2 \cos \omega t \\
\ddot{y} + \omega_n^2 y &= e\omega^2 \sin \omega t
\end{aligned} \tag{5-3}$$

式中，等号右边的项为偏心质量，即不平衡质量所产生的激振力。

将式 (5-3) 改写为复变量形式：

$$\ddot{z} + \omega_n^2 z = e w^2 \mathrm{e}^{\mathrm{i} w t} \tag{5-4}$$

其特解为 $z = A\mathrm{e}^{\mathrm{i}\omega t}$。振幅为

$$A = \frac{e\omega^2}{\omega_{\mathrm{n}}^2 - \omega^2} = \frac{e\left(\omega/\omega_{\mathrm{n}}\right)^2}{1 - \left(\omega/\omega_{\mathrm{n}}\right)^2} \tag{5-5}$$

由上式，当 $\omega = \omega_{\mathrm{n}}$ 时，$A \to \infty$，是共振情况，此时转子的角速度 $\omega$ 称为临界角速度，对应的转速 $n_{\mathrm{c}}$ 称为临界转速。

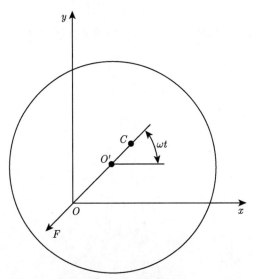

图 5-2　圆盘偏心质量引起的振动 $(\omega < \omega_{\mathrm{n}})$

分析上式，可以看到：

(1) 当不平衡响应的频率总是等于激振力的频率 $\omega$，即转子的自转角速度 $\omega$，而且相位也相同 $(\omega < \omega_{\mathrm{n}})$ 或相差 $180°(\omega > \omega_{\mathrm{n}})$，这表明，圆盘转动时，图 5-2 中的点 $O$、$O'$、$C$ 三点始终在同一条直线上，这条直线绕 $O$ 点以自转角速度 $\omega$ 转动，即转子轴心 $O'$ 作同步进动；

(2) 当 $\omega < \omega_{\mathrm{n}}$ 时，$A > 0$，$O'$ 点和 $C$ 点在 $O$ 点的同一侧；

(3) 当 $\omega > \omega_{\mathrm{n}}$ 时，$A < 0$，但 $|A| > e$，$C$ 点在 $O$ 点和 $O'$ 点之间；

(4) 当 $\omega - \omega_{\mathrm{n}}$ 时，$A \approx -e$，$C$ 点近似落在 $O$ 点，这种情况称为"自动对心"；

(5) 圆盘中心 $O'$ 的轨迹是圆。

实际上由于阻尼的存在，当 $\omega = \omega_{\mathrm{n}}$ 时，$A$ 不是无穷大而是一个较大的有限值。如果考虑外阻尼的作用，则

$$|A| = \frac{e\left(\omega/\omega_{\mathrm{n}}\right)^2}{\sqrt{\left[1 - \left(\omega/\omega_{\mathrm{n}}\right)^2\right]^2 + \left[2\zeta\left(\omega/\omega_{\mathrm{n}}\right)\right]^2}} \tag{5-6}$$

式中，$\zeta = d/2m\omega_{\mathrm{n}} = n/\omega_{\mathrm{n}}$ 为相对阻尼系数，$d$ 为阻尼系数，$m$ 为转子质量，$n$ 为比阻尼。令 $A_0 = me\omega^2/k = e\omega^2/\omega_{\mathrm{n}}^2$ 为不平衡力产生的静位移，则振幅放大系数可用 $|A|/e$ 或 $\beta$ 表示，$\beta$ 的表达式如下：

$$\beta = A/A_0 = \frac{1}{\sqrt{\left[1 - (\omega/\omega_{\mathrm{n}})^2\right]^2 + \left[2\zeta\,(\omega/\omega_{\mathrm{n}})\right]^2}} \tag{5-7}$$

不同的 $\zeta$ 值下，$|A|/e$ 或 $\beta$ 与 $\omega/\omega_{\mathrm{n}}$ 的关系如图 5-3 所示。

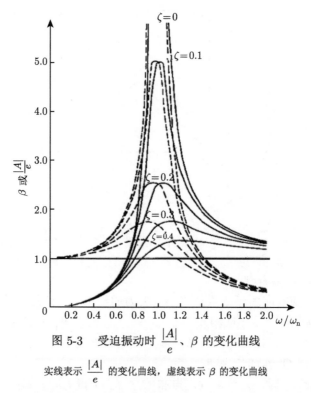

图 5-3   受迫振动时 $\dfrac{|A|}{e}$、$\beta$ 的变化曲线

实线表示 $\dfrac{|A|}{e}$ 的变化曲线，虚线表示 $\beta$ 的变化曲线

对有阻尼时的振动特性，可以归纳如下：

当 $\omega = \omega_{\mathrm{n}}$ 时，振幅 $A$ 不是无穷大而是一个较大的有限值，其大小取决于相对阻尼系数的大小。进一步研究可见，计及阻尼后共振峰值并不在 $\omega_{\mathrm{n}}$(无阻尼的共振点) 处出现，而是偏向右方，阻尼越大，临界转速提高得越多，这可以通过求 $|A|/e$ 曲线的极大值来得到。共振曲线有极大值时应有

$$\frac{\mathrm{d}(|A|\,/e)}{\mathrm{d}(\omega/\omega_{\mathrm{n}})} = 0 \tag{5-8}$$

则可得

$$\frac{\omega^2}{\omega_{\mathrm{n}}^2}(2\zeta^2 - 1) + 1 = 0 \tag{5-9}$$

因此，出现极大值时的频率比为

$$\frac{\omega}{\omega_{\mathrm{n}}} = \sqrt{\frac{1}{1 - 2\zeta^2}} = \frac{1}{\sqrt{1 - 2\zeta^2}} \tag{5-10}$$

从上式可以看出，如果 $1 - 2\zeta^2 < 0$，即 $\zeta > 0.707$，曲线上将没有极大值的高峰，也即转子不会发生共振。振动总是滞后于激振力，当 $\omega < \omega_{\mathrm{n}}$ 时滞后角小于 $90°$，当 $\omega = \omega_{\mathrm{n}}$ 时滞后角等于 $90°$，当 $\omega > \omega_{\mathrm{n}}$ 时滞后角大于 $90°$，因此，可以根据相位 (滞后角) 的变化来判断临界转速的位置。圆盘中心 $O'$ 的轨迹仍是圆。

$\omega = \omega_{\mathrm{n}}$ 时的放大系数为 $(|A|/e)_{\omega=\omega_{\mathrm{n}}} = \dfrac{1}{2\zeta}$，而共振峰值处的放大系数为 $(|A|/e)_{\omega>\omega_{\mathrm{n}}} = \dfrac{1}{2\zeta\sqrt{1 - \zeta^2}}$。

由于阻尼的存在，振动幅值不断地衰减，并且出现最大峰值总是滞后于激振力，因此可以通过快速冲过临界区的方法升速。事实上，即使没有阻尼，当达到临界转速时振幅也并不是突然增大，这一点从下面的推导可以看出：

$$\ddot{x} + \omega_{\mathrm{n}}^2 x = e\omega^2 \cos\omega t \tag{5-11}$$

达到临界时 $\omega = \omega_{\mathrm{n}}$，则式 (5-11) 变为

$$\ddot{x} + \omega_{\mathrm{n}}^2 x = e\omega_{\mathrm{n}}^2 \cos\omega_{\mathrm{n}} t \tag{5-12}$$

设特解为 $X = At\cos(\omega_{\mathrm{n}} t + \phi)$，代入式 (5-12) 解得

$$X = \frac{1}{2}e\omega_{\mathrm{n}} t \cos\left(\omega_{\mathrm{n}} t - \frac{\pi}{2}\right) \tag{5-13}$$

从式 (5-12) 可以看到，共振时 $X$ 随 $t$ 的增加而增加，如时间延续，可增至无穷大，但振幅的增大是需要一定的时间的；同时，不管 $e$ 多小，振幅都可以增至无穷大，如图 5-3 所示。

### 5.2.2 弹性支承下的单圆盘转子振动

前面所讨论的都是把支承看作是完全刚性的，实际转子用的是滑动轴承，存在一定的弹性和阻尼，这使得转子的临界转速下降一个值。另外，滑动轴承的弹性和阻尼是各向异性的，这使得某一阶临界转速分离为两个对应于不同支承刚度的响应转速，并且轴心轨迹不再是圆而变为椭圆，如果不考虑阻尼，则椭圆长轴和坐标轴的方向一致，由于阻尼的作用，轴心轨迹将变为斜椭圆，椭圆长轴和坐标轴的夹角取决于两个方向的阻尼的大小。

如果把支承的弹性 $c$ 和轴的弹性 $k$ 看作是弹簧，则轮盘上的总刚度是支承的弹性 $c$ 和轴的弹性 $k$ 的串联，因此总刚度为

$$k_{H总} = \frac{2kc_H}{k + 2c_H}, \quad k_{V总} = \frac{2kc_V}{k + 2c_V} \tag{5-14}$$

下标 H 表示水平方向，V 表示垂直方向，见图 5-4。

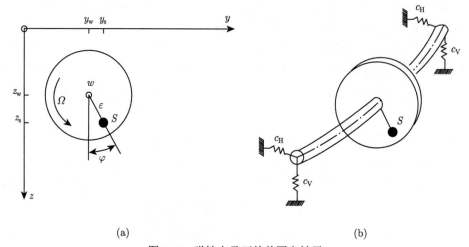

(a)                                                                (b)

图 5-4　弹性支承下的单圆盘转子

如图 5-4 所示，可以建立弹性支承下两个互不耦合的运动方程：

$$\begin{aligned} \ddot{z} + \omega_{nV}^2 z &= e\omega^2 \cos\omega t \\ \ddot{y} + \omega_{nH}^2 y &= e\omega^2 \sin\omega t \end{aligned} \tag{5-15}$$

式中，$\omega_{nV}^2 = k_{V总}/m$；$\omega_{nH}^2 = k_{H总}/m$，这是水平方向和垂直方向的刚度不一致造成的，这时有两个临界转速，方程组的全解为

$$\begin{aligned} z &= Z_0 \cos(\omega_{nV} t + \phi_z) + e\frac{\omega^2}{\omega_{nV}^2 - \omega^2} \cos\omega t \\ y &= Y_0 \cos(\omega_{nH} t + \phi_y) + e\frac{\omega^2}{\omega_{nH}^2 - \omega^2} \sin\omega t \end{aligned} \tag{5-16}$$

式中等号右边第一项为自由振动，第二项为强迫振动。在阻尼的作用下，自由振动逐渐衰减，稳定情况下只剩下强迫振动。在式 (5-16) 中去掉第一项，然后将两个方程平方后相加，即得椭圆方程：

$$\left(\frac{z}{Z_{0e}}\right)^2 + \left(\frac{y}{Y_{0e}}\right)^2 = 1 \tag{5-17}$$

式中, $Z_{0e} = e\dfrac{\omega^2}{\omega_{nV}^2 - \omega^2}$ 为垂直方向振幅;$Y_{0e} = e\dfrac{\omega^2}{\omega_{nH}^2 - \omega^2}$ 为水平方向振幅。轴心轨迹见图 5-5。

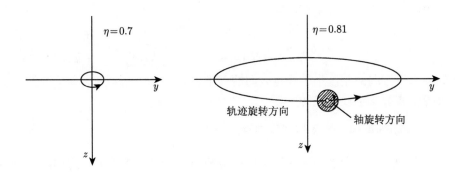

(a) 同向旋转区 $0 < \omega < \omega_{nH}$

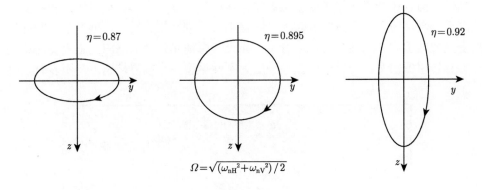

$$\Omega = \sqrt{(\omega_{nH}^2 + \omega_{nV}^2)/2}$$

(b) 反向旋转区 $\omega_{nH} < \omega < \omega_{nV}$

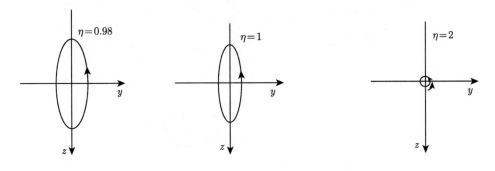

(c) 同向旋转区 $\omega < \omega_{nV}$

图 5-5 弹性支承下单圆盘转子的轴心轨迹

$\eta = \omega/\omega_n$,$\omega_n = \sqrt{k/m}$ 为刚性临界转速 ($\omega_{nH} = 0.85\omega_n$,$\omega_{nV} = 0.95\omega_n$)

从图中可以看到:

(1) 当 $0 < \omega < \omega_{nH}$ 时为正进动;

(2) 当 $\omega_{nH} < \omega < \omega_{nV}$ 时为反进动;

(3) 当 $\omega > \omega_{nV}$ 时又为正进动;

(4) 由于 $\omega_{nV} = \sqrt{k_{V\text{总}}/m} = \sqrt{\dfrac{2kc_v}{(k+2c_v)m}} = \sqrt{\dfrac{k}{m}} \cdot \sqrt{\dfrac{2c_v}{k+2c_v}} < \sqrt{\dfrac{k}{m}}$,因

此如果水平方向的刚度小于垂直方向的刚度,则 $\omega_{nH} < \omega_{nV} < \omega_n$,即弹性支承下的临界转速低于刚性临界转速。

### 5.2.3  滑动轴承的特性和转子稳定性

1) 滑动轴承的特性 [34,35]  从上面的分析可以看到,支承的刚度和阻尼对转子振动特性影响很大,对一个确定的转子而言,支承刚度的变化不仅影响临界转速的高低,而且还会影响转子的模态振型,这可从图 5-6 中形象地看出:随着支承刚度的提高,转子的各阶临界转速不断提高直至刚性临界转速,振型则从刚性振型变为弯曲振型。从图中还可以看出,如果考虑油膜弹性的响应,临界转速比刚性临界转速低很多,则转子的振型一般为刚性振型,当临界转速下降不多时,则

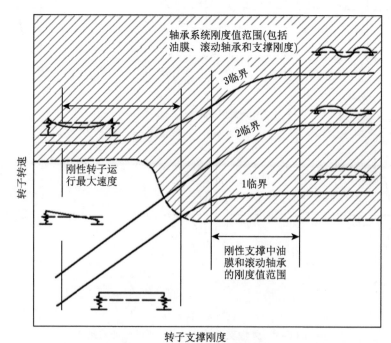

图 5-6  转子的无阻尼临界转速图

为弯曲振型，我们可以根据这一特点粗略地判断转子的振型。

另外，轴承的油膜也是转子失稳的主要原因。一般油膜的动态特性可以用八个动态系数来模拟，其中 $X$ 和 $Y$ 方向各有一个刚度系数和一个阻尼系数，另外还有 $X$ 和 $Y$ 方向的两个耦合刚度和两个耦合阻尼。研究表明，正是由于耦合刚度和耦合阻尼的存在，转子在偏离静平衡位置后受到一个方向与位移垂直的切向力的作用，从而使得轴心离开静平衡位置沿着发散的轨迹运动而失稳，因此在现代转子动力学设计中，对轴承的性能越来越重视。

轴承的类型很多，主要有圆轴承、二油楔轴承、多油叶轴承、可倾瓦轴承、错位轴承等，部分轴承结构如图 5-7 所示。

表 5-1 是各种轴承的性能特性，选择轴承的时候应根据不同的应用场合，选择最适合的结构类型。

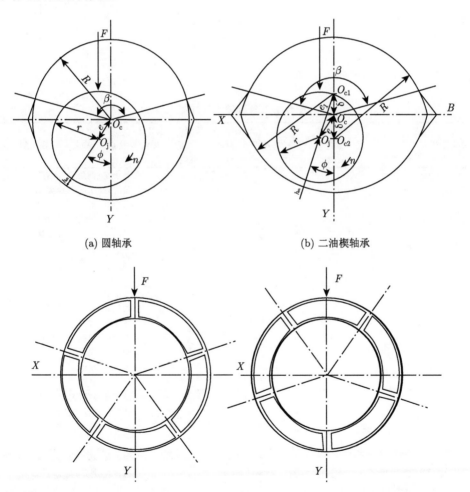

(a) 圆轴承　　　　　　　　　(b) 二油楔轴承

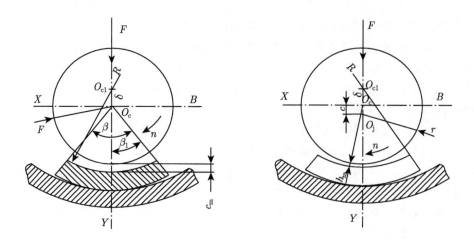

(c) 可倾瓦轴承

图 5-7　滑动轴承的结构

表 5-1　各种轴承的性能比较

| 轴承类型 | 抗半速涡动性能 | 负载 | 刚度 | 阻尼 | 旋转载荷适应性能 | 成本 | 优点 | 缺点 | 应用于 | 应用范围 |
|---|---|---|---|---|---|---|---|---|---|---|
| 带油槽圆瓦 | ● | ⋮ | ⋮ | ⋮ | ⋮ | ○ | 易于安装与对中 | 低负荷工况容易半速涡动,并且可能需要非常小的宽径 | 所有旋转机械,齿轮箱和螺杆压缩机 | 宽 |
| 带周向油孔单圆瓦 | ● | ⋮ | ● | ⋮ | ⋮ | ○ | 适用于动载荷机器,并且低轴承易于安装与对中 | 需要高压供油,并且低负荷工况容易半速涡动 | 鼓风机、套筒轴、某些齿轮箱 | 中等 |
| 二油楔轴承 | ⋮ | ⋮ | ⋮ | ⋮ | ● | ○○ | 易于安装与对中 | 水平方向刚度较低 | 大型涡轮和电机,泵,齿轮箱 | 宽 |
| 带油槽椭圆瓦 | ⋮ | ⋮ | ⋮ | ⋮ | ● | ○○ | 易于安装与对中 | 水平方向刚度较低 | 大型涡轮和电机 | 中等 |

续表

| 轴承类型 | 抗半速涡动性能 | 负载 | 刚度 | 阻尼 | 旋转载荷适应性能 | 成本 | 优点 | 缺点 | 应用于 | 应用范围 |
|---|---|---|---|---|---|---|---|---|---|---|
| 对半偏置瓦 | ●●●● | ●●●● | ●●●● | ●●●● | ●●● | ○○ | 润滑油泵油量大,运行时油温低 | 不适用于反向旋转情况 | 涡轮泵、电机、压缩机、齿轮箱 | 宽 |
| 可倾瓦 | ●●●● | ●●●● | ●●●● | ●●●● | | ○○○ | 所有轴承中运行最稳定的轴承,适用于变载荷工况 | 当受旋转和动载荷时,轴瓦支点易磨损 | 所有水平和竖直的旋转机械 | 逐渐变宽 |
| 四油楔轴承 | ●●● | ●●● | ●●● | ●●● | ●●● | ○○ | 主要用于小型厚壳法兰轴承,此类轴承有时带有锥形止推面 | 由于四个油槽和较大的瓦块间隙,只能用于小负载机器 | 小型涡轮、压气机、鼓风机、泵 | 宽 |

注:性能——●●●●非常高,●低;成本——○低,○○○高。

一般来说,二油楔轴承适用于低速重载转子,四油楔轴承适用于高速轻载转子,可倾瓦轴承同样适用于高速轻载转子,它的特点是稳定性好,理论上不会发生油膜失稳的情况。可倾瓦轴承又分为四瓦、五瓦、支点是否对称等不同的结构。对四瓦可倾瓦轴承来说,主要特点是 $X$、$Y$ 方向的刚度相等,而对五瓦可倾瓦轴承,如果是瓦间支撑,则 $X$、$Y$ 方向的刚度相差不大。

轴承的结构参数主要有:轴承的名义直径 $D$、瓦弧半径 $R$、轴颈直径 $d=2r$、轴承宽度 $B$、宽径比 $B/d$、轴瓦安装偏距 $\delta$、预负荷 $m=\delta/c$、加工间隙 $c=R-r$、相对加工间隙 $\psi=c/r$、轴承间隙 $c_m=c-\delta$、轴承相对间隙 $\psi_m=c_m/r=(1-m)\psi$。

轴承的运行参数主要有:轴承载荷 $F$、轴转速 $n$(角速度 $\omega$)、平均温度 $t_c$ 时润滑油的黏度 $\eta$、轴心偏心距 $e$、偏位角 $\Phi$、偏心率 $\varepsilon=e/c$。

轴承最大允许比压和转速之间的关系见图 5-8,从图中可以看出,在某个转速以下,最大载荷受最小油膜厚度的限制,随着转速的提高,如果载荷不变,则轴颈将上浮,因此允许的最大载荷可以适当提高,而当超过某个转速以后,最大载荷受最大油温的限制,如果比压不变,随着转速的提高,油温也将上升,因此为了不超过最大油温，允许最大载荷必须下降。

当轴颈以角速度 $\omega$ 转动时，若轴颈上受到的是稳定的静载荷 $F$，则轴颈中心 $O_\mathrm{j}$ 的静平衡位置由偏心距 $e$ 和偏位角 $\Phi$ 来确定。当转轴受到某种外来扰动时 (如转轴上不平衡质量的离心力、各种外加载荷、轴承工作状况的变化等)，轴颈中心就会在静平衡位置附近进行涡动。在有些转子–轴承系统中，涡动是稳定的，有些系统则是不稳定的。

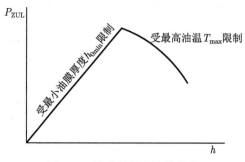

图 5-8　滑动轴承允许的载荷

当轴颈中心 $O_\mathrm{j}$ 围绕其静平衡位置做小幅涡动时，轴承的油膜力可线性近似表达为

$$
\begin{aligned}
R_x &= R_{x0} + k_{xx}x + k_{xy}y + C_{xx}\dot{x} + C_{xy}\dot{y} \\
R_y &= R_{y0} + k_{yx}x + k_{yy}y + C_{yx}\dot{x} + C_{yy}\dot{y}
\end{aligned}
\tag{5-18}
$$

式中，$R_{x0}, R_{y0}$ 为轴承油膜静态力在 $X$、$Y$ 方向上的分量。

而其余部分为油膜的动态力：

$$
\left\{
\begin{array}{c}
f_x \\
f_y
\end{array}
\right\}
= [K]
\left\{
\begin{array}{c}
x \\
y
\end{array}
\right\}
+ [C]
\left\{
\begin{array}{c}
\dot{x} \\
\dot{y}
\end{array}
\right\}
\tag{5-18}
$$

式中，

$$
[K] =
\begin{pmatrix}
k_{xx} & k_{xy} \\
k_{yx} & k_{yy}
\end{pmatrix}
=
\begin{pmatrix}
\dfrac{\partial F_x}{\partial x} & \dfrac{\partial F_x}{\partial y} \\[2mm]
\dfrac{\partial F_y}{\partial x} & \dfrac{\partial F_y}{\partial y}
\end{pmatrix}
$$

为油膜刚度系数矩阵。

$$
[C] =
\begin{pmatrix}
C_{xx} & C_{xy} \\
C_{yx} & C_{yy}
\end{pmatrix}
=
\begin{pmatrix}
\dfrac{\partial F_x}{\partial \dot{x}} & \dfrac{\partial F_x}{\partial \dot{y}} \\[2mm]
\dfrac{\partial F_y}{\partial \dot{x}} & \dfrac{\partial F_y}{\partial \dot{y}}
\end{pmatrix}
$$

为油膜阻尼系数矩阵。

$f_x, f_y$ 为油膜动态力在 $X$、$Y$ 方向上的分量，$k_{xx}, k_{xy}, k_{yx}, k_{yy}$ 和 $C_{xx}, C_{xy},$ $C_{yx}, C_{yy}$ 称为轴承的 8 大动态系数，$k_{xy}, k_{yx}$ 为交叉刚度系数，$C_{xy}, C_{yx}$ 为交叉阻尼系数，它们表示油膜力在两个互相垂直的方向上的耦合作用，交叉动力系数的大小和正负在很大程度上影响着轴承工作的稳定性。刚度系数的单位为 N/m，阻尼系数的单位为 N·s/m。

轴承的动力系数取决于轴承的类型和各种工作参数 (载荷、转速、相对间隙、宽径比、油的动力黏度)，如果轴承结构类型和工作参数一定，则轴颈中心的静平衡位置就确定了，相应地，轴承的动力系数也就可以确定了。为了方便使用，轴承的运行工况和 8 个动态系数常采用无量纲形式，其中，索末菲 (Sommerfeld) 数是表征轴承运行工况的无量纲特性参数，它的表达式为

$$S_0 = \frac{F\psi_{\mathrm{m}}^2}{\eta\omega dB} \tag{5-19}$$

无量纲刚度系数为

$$\gamma_{ik}^* = \left(S_0 \frac{c_{\mathrm{m}}}{F}\right) \cdot k_{ik} \tag{5-20}$$

无量纲阻尼系数为

$$\beta_{ik}^* = \left(S_0 \frac{c_{\mathrm{m}}}{F}\right) \cdot \omega \cdot C_{ik} \tag{5-21}$$

采用无量纲形式以后，轴承的无量纲刚度、阻尼系数仅为轴承形式和 Sommerfeld 数的函数，与轴承的具体工况参数无关。按这种方式整理的无量纲刚度、阻尼系数可适用于轴承的各种不同运行工况。实际应用时，只要把载荷、转速、相对间隙、宽径比、油的动力黏度等工作参数代入式 (5-20) 求出 Sommerfeld 数，再按式 (5-21)、式 (5-22) 经变换即可求得轴承在实际运行工况下的刚度系数和阻尼系数。

从以上分析可以看出，当一个轴承的结构形式、尺寸、载荷和润滑油都已确定时，轴承的动力系数仅仅是轴颈转速的函数。图 5-9 和图 5-10 是典型的可倾瓦轴承的动力系数随转速变化的例子。

2) 滑动轴承和外支撑的数学模型

实际转子的支承系统包括滑动轴承和轴承座，整个支承系统的总刚度为轴承油膜刚度和轴承座刚度串联后的刚度。实际转子的支承系统的数学模型如图 5-11 所示，如果考虑轴承座的等效参振质量，则支承系统的总刚度与转子的转速和轴承座的固有振动频率有关。如果支承在 $X$、$Y$ 方向的刚度和等效参振质量相差不大，且耦合较弱，可进一步简化为如图 5-12 所示的模型，通过对这一简化模型

的分析，可以帮助我们理解支承系统总刚度与转速和轴承座固有振动频率之间的
关系。

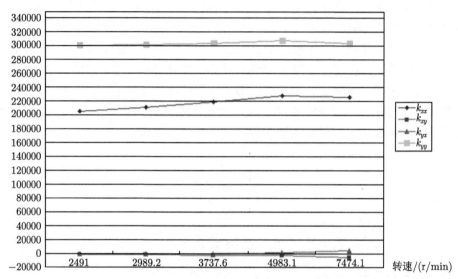

图 5-9   可倾瓦轴承的刚度系数随转速的变化

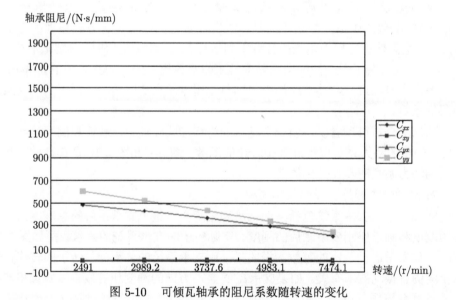

图 5-10   可倾瓦轴承的阻尼系数随转速的变化

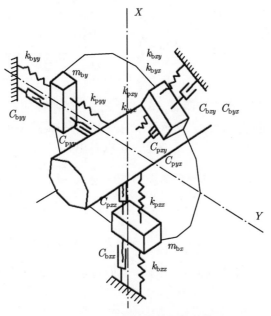

图 5-11 实际支承系统的数学模型

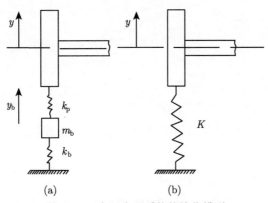

图 5-12 实际支承系统的简化模型

对图 5-12(a) 的模型，设 $m_b, y_b, k_b$ 分别为轴承座的等效质量、位移和刚度，$y, k_p$ 分别为轴颈的位移和油膜的刚度，$K$ 为支承系统的总刚度，则由等效质量的运动微分方程：

$$m_b \ddot{y}_b = k_p(y - y_b) - k_b y_b \tag{5-22}$$

$$Ky = k_p(y - y_b) \tag{5-23}$$

可得

$$K = \frac{k_{\mathrm{p}}(k_{\mathrm{b}} - m_{\mathrm{b}}\omega^2)}{k_{\mathrm{p}} + k_{\mathrm{b}} - m_{\mathrm{b}}\omega^2} = \frac{k_{\mathrm{p}}(1 - \omega^2/\omega_{\mathrm{b}}^2)}{k_{\mathrm{p}}/k_{\mathrm{b}} + 1 - \omega^2/\omega_{\mathrm{b}}^2} \tag{5-24}$$

式中，$\omega$ 为转子的涡动频率，而 $\omega_{\mathrm{b}} = \sqrt{k_{\mathrm{b}}/m_{\mathrm{b}}}$ 为轴承座的固有频率，$k_{\mathrm{D}} = k_{\mathrm{b}} - m_{\mathrm{b}}\omega^2$ 为支承的动刚度，因此，支承系统总刚度 $K$ 与转速和轴承座固有振动频率之间的关系如图 5-13 所示。从式 (5-23) 可以看出：

(1) 如果不考虑轴承座的等效参振质量，则 $K = \dfrac{k_{\mathrm{p}}k_{\mathrm{b}}}{k_{\mathrm{p}} + k_{\mathrm{b}}}$ 与转速无关，形式和式 (5-14) 相同，动刚度退化为静刚度，如图 5-12(b) 所示；

(2) 当 $k_{\mathrm{b}} \gg k_{\mathrm{p}}$ 时，$K = \dfrac{k_{\mathrm{p}}}{k_{\mathrm{p}}/k_{\mathrm{b}} + 1} = k_{\mathrm{p}}$，即当轴承座的刚度比油膜刚度高很多时，总刚度 $K$ 与转速也无关，因此，此时可以不考虑轴承座的等效参振质量。

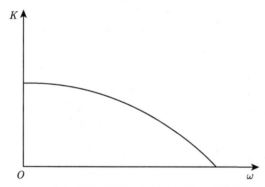

图 5-13　总刚度 $K$ 与转速之间的关系曲线

3) 单圆盘转子的稳定性分析

有阻尼的单圆盘转子自由振动时振幅的衰减如图 5-14 所示，其运动微分方程为

$$\ddot{x} + 2n\dot{x} + \omega_{\mathrm{n}}^2 x = 0 \tag{5-25}$$

其中 $n = d/2m$，$d$ 为阻尼系数。

设特解为：$x = X_0 \mathrm{e}^{\lambda t}$，则复特征值为

$$\lambda = -n \pm \mathrm{i}(\sqrt{\omega_{\mathrm{n}}^2 - n^2}) \tag{5-26}$$

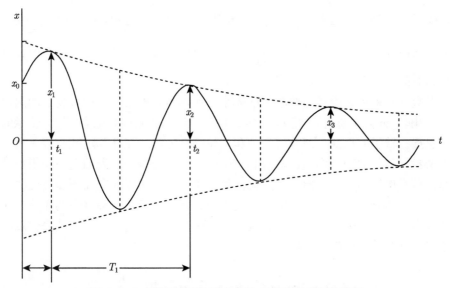

图 5-14　有阻尼的单圆盘转子自由振动时振幅的衰减

因此，相邻两个振幅中的前一个振幅和后一个振幅的比值为 (时间相差一个周期 $T$)

$$\frac{x_i}{x_{i+1}} = \frac{X_0 \mathrm{e}^{[(-n \pm \mathrm{i}(\sqrt{\omega_\mathrm{n}^2 - n^2}))t]}}{X_0 \mathrm{e}^{[(-n \pm \mathrm{i}(\sqrt{\omega_\mathrm{n}^2 - n^2}))(t+T)]}} = \mathrm{e}^{nT} \tag{5-27}$$

因周期 $T = \dfrac{2\pi}{\sqrt{\omega_\mathrm{n}^2 - n^2}}$，对上式求对数，可得对数衰减率为

$$\delta = \ln \frac{x_i}{x_{i+1}} = nT = n \frac{2\pi}{\sqrt{\omega_\mathrm{n}^2 - n^2}} = \frac{-2\pi \mathrm{Re}(\lambda)}{V(\lambda)} \tag{5-28}$$

从上面的分析可知，对数衰减率为复特征值的实部和虚部之比的 $-2\pi$ 倍，如果 $\delta = 0.25$，则振动 3 个周期后，振幅衰减一半。

小阻尼时，$\zeta = d/2m\omega_\mathrm{n} = n/\omega_\mathrm{n}$，$(A/e)_{\omega=\omega_\mathrm{n}} = 1/2\zeta$，因此，

$$\delta = nT = \omega_\mathrm{n}\zeta \frac{2\pi}{\omega_\mathrm{n}} = 2\pi\zeta = \frac{\pi}{(A/e)_{\omega=\omega_\mathrm{n}}} \tag{5-29}$$

式 (5-30) 反映了对数衰减率与比阻尼和放大系数之间的关系。从以上分析可以看出：

(1) 当 $\delta > 0$ 时，$\dfrac{x_i}{x_{i+1}} = \mathrm{e}^\delta > 1$，$x_i > x_{i+1}$，即振动幅值越来越小，因此系统是稳定的，在实际工程应用时应有一定的裕度。

(2) 按 API 612, 当 $(A/e)_{\omega=\omega_n} \geqslant 2.5$ 时, $\omega$ 为临界角速度, 此时 $\zeta = \dfrac{n}{\omega_n} \leqslant 0.2$, 因此在实际计算时只要关注 $\zeta = \dfrac{n}{\omega_n} \leqslant 0.2$ 的特征值, 就可由这些特征值计算出系统的对数衰减率。

对数衰减率反映的是系统阻尼的大小, 而轴承是整个系统中最重要的阻尼提供者, 因此, 分析系统稳定性时, 必须正确计算轴承的载荷和动态特性, 轴承的载荷应包括: 转子的重量、部分进汽力和齿轮啮合力等。在计算对数衰减率时还应考虑密封间隙处的动力作用, 轴封和有围带的叶片密封间隙处的动力作用和轴承相似, 可看作气体轴承, 但其黏度比油的黏度小得多, 因此在高压和高速时, 其作用才变得明显; 对没有围带的叶片间隙处, 则应考虑阿尔福德力的作用。在计算这些力的时候应采用工业汽轮机最大工况时的参数。这些作用力被简化成和轴承相似的刚度系数和阻尼系数。

## 5.3  转子系统有限元分析方法

### 5.3.1  转子转动动能的表示形式

本节采用投影角法表示转子转动动能。坐标系 $O\text{-}\xi\eta\varsigma$ 固结于转盘上与转盘一起运动, 采用刚体自旋轴 $\xi$ 在 $xy$ 和 $xz$ 平面上的投影线与 $x$ 轴的夹角 $\theta_y$ 和 $\theta_z$ 作为广义坐标, 见图 5-15。称 $\theta_y$ 和 $\theta_z$ 为投影角 [33]。

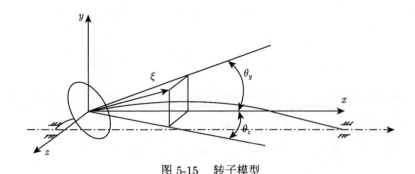

图 5-15  转子模型

由各量的旋转关系可以得到刚体绕其三个惯性主轴的角速度为

$$\begin{aligned}
\omega_\xi &= \dot{\phi} + \frac{\theta_z \dot{\theta}_y - \theta_y \dot{\theta}_z}{2} \\
\omega_\eta &= \sin\phi \cdot \dot{\theta}_y - \cos\phi \cdot \dot{\theta}_z \\
\omega_\varsigma &= \cos\phi \cdot \dot{\theta}_y + \sin\phi \cdot \dot{\theta}_z
\end{aligned} \tag{5-30}$$

保留二阶小量，可以得到转子的转动动能为

$$T = \frac{1}{2}J_\xi \omega_\xi^2 + \frac{1}{2}J_\eta \omega_\eta^2 + \frac{1}{2}J_\varsigma \omega_\varsigma^2 = \frac{1}{2}J_\xi \dot{\phi}^2 + \frac{1}{2}J_\xi \dot{\phi}\left(\theta_z \dot{\theta}_y - \theta_y \dot{\theta}_z\right)$$
$$+ \frac{1}{2}J_\eta \left(\sin\phi \cdot \dot{\theta}_y - \cos\phi \cdot \dot{\theta}_z\right)^2 + \frac{1}{2}J_\varsigma \left(\cos\phi \cdot \dot{\theta}_y + \sin\phi \cdot \dot{\theta}_z\right)^2 \quad (5\text{-}32)$$

对于动力对称刚体，且取 $\dot{\phi} = \Omega$，得转子的转动动能形式如下：

$$T = \frac{1}{2}J_\mathrm{d}\left(\dot{\theta}_y^2 + \dot{\theta}_z^2\right) + \frac{1}{2}J_\mathrm{p}\Omega\left(\theta_z \dot{\theta}_y - \theta_y \dot{\theta}_z\right)$$
$$= \frac{1}{2}\left[\dot{\theta}_y, \dot{\theta}_z\right]\begin{bmatrix} J_\mathrm{d} & \\ & J_\mathrm{d} \end{bmatrix}\begin{bmatrix} \dot{\theta}_y \\ \dot{\theta}_z \end{bmatrix} + \frac{\Omega}{2}\left[\dot{\theta}_y, \dot{\theta}_z\right]\begin{bmatrix} 0 & J_\mathrm{p} \\ -J_\mathrm{p} & 0 \end{bmatrix}\begin{bmatrix} \theta_y \\ \theta_z \end{bmatrix} \quad (5\text{-}33)$$

引入以角速度 $\Omega$ 绕 $x$ 轴旋转的坐标系 $O\text{-}x_\mathrm{r}y_\mathrm{r}z_\mathrm{r}$，并取 $\xi$ 轴相对于 $O\text{-}x_\mathrm{r}y_\mathrm{r}z_\mathrm{r}$ 的投影角 $\theta_y$ 和 $\theta_z$ 为广义坐标，假设各投影角均为小量，同样可以导出刚体绕其三个惯性主轴的角速度

$$\omega_\xi = \dot{\phi} + \frac{\theta_z \dot{\theta}_y - \theta_y \dot{\theta}_z}{2} + \Omega\left(1 - \frac{\theta_y^2 + \theta_z^2}{2}\right)$$
$$\omega_\eta = \phi\dot{\theta}_y - \dot{\theta}_z - \Omega\left(\theta_y + \phi\theta_z\right)$$
$$\omega_\varsigma = \phi\dot{\theta}_z + \dot{\theta}_y - \Omega\left(\theta_z - \phi\theta_y\right) \quad (5\text{-}34)$$

进一步得到转子的转动动能为

$$T = \frac{1}{2}J_\xi \omega_\xi^2 + \frac{1}{2}J_\eta \omega_\eta^2 + \frac{1}{2}J_\varsigma \omega_\varsigma^2 = \frac{1}{2}\left[\dot{\theta}_y, \dot{\theta}_z\right]\begin{bmatrix} J_\varsigma & \\ & J_\eta \end{bmatrix}\begin{bmatrix} \dot{\theta}_y \\ \dot{\theta}_z \end{bmatrix}$$
$$+ \frac{\Omega}{2}\left[\dot{\theta}_y, \dot{\theta}_z\right]\begin{bmatrix} & -2J_\varsigma + J_\xi \\ 2J_\eta - J_\xi & \end{bmatrix}\begin{bmatrix} \theta_y \\ \theta_z \end{bmatrix}$$
$$+ \frac{\Omega^2}{2}\left[\theta_y, \theta_z\right]\begin{bmatrix} J_\eta - J_\xi & \\ & J_\varsigma - J_\xi \end{bmatrix}\begin{bmatrix} \theta_y \\ \theta_z \end{bmatrix} \quad (5\text{-}35)$$

### 5.3.2 集总质量模型

本节针对集总质量模型，建立旋转坐标系下转子系统的有限元方法。讨论图 5-16 所示的不对称 Jeffcott 转子，其中转轴具有不对称刚度，转盘具有不对称转动惯量。取以 $\Omega$ 绕 $x$ 轴旋转的旋转坐标系 $O\text{-}\xi\eta\varsigma$，$\xi$ 轴与 $x$ 轴平行，$\eta$ 和 $\varsigma$ 轴初始时与盘的惯性主轴重合。盘的扰动运动用盘心的扰动位移和盘的方位偏离角

在 $O\text{-}\xi\eta\varsigma$ 系中的投影 $\eta$、$\varsigma$、$\theta_\eta$、$\theta_\varsigma$ 表示。转盘的动能采用式 (5-35)，可写为如下形式：

$$T = \frac{1}{2}\dot{q}^{\mathrm{T}} M \dot{q} + \frac{1}{2}\dot{q}^{\mathrm{T}} D q + \Omega^2 q^{\mathrm{T}} E q \tag{5-36}$$

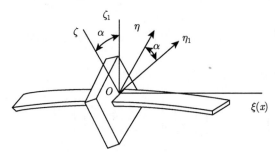

图 5-16   不对称 Jeffcott 转子模型

其中

$$q = \begin{bmatrix} \eta \\ \varsigma \\ \theta_\eta \\ \theta_\varsigma \end{bmatrix}, \quad D = \Omega \begin{bmatrix} 0 & -2m & 0 & 0 \\ 2m & 0 & 0 & 0 \\ 0 & 0 & 0 & -2J_\varsigma + J_\xi \\ 0 & 0 & 2J_\eta - J_\xi & 0 \end{bmatrix}$$

$$M = \begin{bmatrix} m & 0 & 0 & 0 \\ 0 & m & 0 & 0 \\ 0 & 0 & J_\varsigma & 0 \\ 0 & 0 & 0 & J_\eta \end{bmatrix}, \quad E = \begin{bmatrix} m & 0 & 0 & 0 \\ 0 & m & 0 & 0 \\ 0 & 0 & J_\eta - J_\xi & 0 \\ 0 & 0 & 0 & J_\varsigma - J_\xi \end{bmatrix}$$

设转轴的主刚度方向为 $\eta_1$ 和 $\varsigma_1$，它们一般不会与 $\eta$、$\varsigma$ 重合。设 $\eta_1$ 和 $\eta$ 的夹角为 $\alpha$，$\alpha$ 在旋转中保持不变，转轴的弹性应变能为

$$V = \frac{1}{2}\bar{q}^{\mathrm{T}} \begin{bmatrix} K_1 & \\ & K_2 \end{bmatrix} \bar{q} \tag{5-37}$$

其中 $\bar{q} = [\eta_1, \theta_{\eta_1}, \varsigma_1, \theta_{\varsigma_1}]$ 是 $q$ 在 $\eta_1$ 和 $\varsigma_1$ 上的投影

$$\bar{q} = Rq, \quad R = \begin{bmatrix} \cos\alpha & -\sin\alpha & 0 & 0 \\ 0 & 0 & \cos\alpha & -\sin\alpha \\ \sin\alpha & \cos\alpha & 0 & 0 \\ 0 & 0 & \sin\alpha & \cos\alpha \end{bmatrix} \tag{5-38}$$

代入式 (5-37)，得

$$V = \frac{1}{2} \boldsymbol{q}^{\mathrm{T}} \boldsymbol{K} \boldsymbol{q} \tag{5-39}$$

其中

$$\boldsymbol{K} = \boldsymbol{R}^{\mathrm{T}} \begin{bmatrix} \boldsymbol{K}_1 & \\ & \boldsymbol{K}_2 \end{bmatrix} \boldsymbol{R} \tag{5-40}$$

进一步得到运动方程为

$$\boldsymbol{M}\ddot{\boldsymbol{q}} + \boldsymbol{G}\dot{\boldsymbol{q}} + \boldsymbol{K}'\boldsymbol{q} = \boldsymbol{0} \tag{5-41}$$

其中

$$\boldsymbol{K}' = \boldsymbol{K} - \Omega^2 \boldsymbol{E} \tag{5-42}$$

$$\boldsymbol{G} = \frac{\boldsymbol{D} - \boldsymbol{D}^{\mathrm{T}}}{2} = \begin{bmatrix} 0 & -2m & 0 & 0 \\ 2m & 0 & 0 & 0 \\ 0 & 0 & 0 & -(J_\eta + J_\varsigma - J_\xi) \\ 0 & 0 & J_\varsigma + J_\eta - J_\xi & 0 \end{bmatrix} \tag{5-43}$$

### 5.3.3 刚性圆盘离散化模型

设刚性圆盘的质量、直径转动惯量和极转动惯量分别为 $m$、$J_{\mathrm{d}}$ 和 $J_{\mathrm{p}}$。圆盘的广义坐标为

$$\boldsymbol{q} = \{y \quad \theta_y \quad z \quad \theta_z\}^{\mathrm{T}} \tag{5-44}$$

采用式 (5-33) 的形式，加上转子平动动能，经推导可得圆盘动能为

$$T = \frac{1}{2} \dot{\boldsymbol{q}}^{\mathrm{T}} \boldsymbol{M} \dot{\boldsymbol{q}} + \frac{1}{2} \dot{\boldsymbol{q}}^{\mathrm{T}} \boldsymbol{G} \boldsymbol{q} \tag{5-45}$$

其中

$$\boldsymbol{M} = \mathrm{diag}(m, J_{\mathrm{d}}, m, J_{\mathrm{d}}), \quad \boldsymbol{G} = \Omega \begin{bmatrix} \boldsymbol{0} & \boldsymbol{J}_i \\ -\boldsymbol{J}_i & \boldsymbol{0} \end{bmatrix}, \quad \boldsymbol{J}_i = \begin{bmatrix} 0 & 0 \\ 0 & \boldsymbol{J}_{\mathrm{p}i} \end{bmatrix} \tag{5-46}$$

相应的运动微分方程为

$$\boldsymbol{M}\ddot{\boldsymbol{q}} + \boldsymbol{G}\dot{\boldsymbol{q}} = \{\boldsymbol{Q}_{\mathrm{d}}\} \tag{5-47}$$

式中，$\boldsymbol{M}$ 为圆盘的质量矩阵；$\boldsymbol{G}$ 为陀螺矩阵；$\boldsymbol{Q}_{\mathrm{d}}$ 为圆盘上相应的广义力。它包括该圆盘两端弹性轴所作用的力和力矩，当圆盘有微小偏心时还可以表示圆盘的不平衡力。

### 5.3.4　弹性轴段

图 5-17 为一弹性轴段单元，该单元的广义坐标是两端节点的位移，即

$$\boldsymbol{q}_{\mathrm{e}1} = \{y_1 \quad \theta_{y1} \quad y_2 \quad \theta_{y2}\}^{\mathrm{T}}, \quad \boldsymbol{q}_{\mathrm{e}2} = \{z_1 \quad \theta_{z1} \quad z_2 \quad \theta_{z2}\}^{\mathrm{T}} \tag{5-48}$$

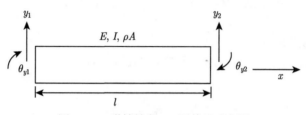

图 5-17　弹性轴段 $xy$ 面单元示意图

基于文献中的推导，单元内任一截面的位移可以通过位移插值函数用该单元节点的位移来表示，即

$$\begin{aligned} y\left(x\right) &= \boldsymbol{N}\boldsymbol{q}_{\mathrm{e}1} = [N_1, N_2, N_3, N_4]\,\boldsymbol{q}_{\mathrm{e}1} \\ z\left(x\right) &= \boldsymbol{N}\boldsymbol{q}_{\mathrm{e}2} = [N_1, N_2, N_3, N_4]\,\boldsymbol{q}_{\mathrm{e}2} \end{aligned} \tag{5-49}$$

其中 $\boldsymbol{N}$ 是 $1 \times 4$ 阶的位移插值函数，即

$$\begin{aligned} N_1 &= 1 - 3\xi^2 + 2\xi^3, \quad N_2 = l\left(\xi - 2\xi^2 + \xi^3\right) \\ N_3 &= 3\xi^2 - 2\xi^3, \quad N_4 = l\left(-\xi^2 + \xi^3\right), \quad \xi = x/l \end{aligned} \tag{5-50}$$

Rayleigh 梁–轴模型的弹性应变能公式为

$$V_{\mathrm{e}} = \frac{1}{2}\int_0^l EI\left(y''^2 + z''^2\right)dx \tag{5-51}$$

将式 (5-48) 代入式 (5-51)，可得单元的应变能

$$V_{\mathrm{e}} = \frac{1}{2}\left[\boldsymbol{q}_{\mathrm{e}1}^{\mathrm{T}}, \boldsymbol{q}_{\mathrm{e}2}^{\mathrm{T}}\right] \begin{bmatrix} \boldsymbol{K}_{\mathrm{e}} & \boldsymbol{0} \\ \boldsymbol{0} & \boldsymbol{K}_{\mathrm{e}} \end{bmatrix} \begin{bmatrix} \boldsymbol{q}_{\mathrm{e}1} \\ \boldsymbol{q}_{\mathrm{e}2} \end{bmatrix} \tag{5-52}$$

其中

$$\boldsymbol{K}_{\mathrm{e}} = \frac{EI}{l^3} \begin{bmatrix} 12 & 6l & -12 & 6l \\ 6l & 4l^2 & -6l & 2l^2 \\ -12 & -6l & 12 & -6l \\ 6l & 2l^2 & -6l & 4l^2 \end{bmatrix} \tag{5-53}$$

Rayleigh 梁单元动能积分式为

$$T = \frac{1}{2} \int_0^l \rho A \left( \dot{y}^2 + \dot{z}^2 \right) \mathrm{d}x + \frac{1}{2} \int_0^l \rho I \left( \dot{y}'^2 + \dot{z}'^2 \right) \mathrm{d}x$$

$$+ \Omega \rho I \int_0^l \left( \dot{y}'z' - \dot{z}'y' \right) \mathrm{d}x \tag{5-54}$$

将式 (5-48) 代入上式, 得单元的动能为

$$T_e = \frac{1}{2} \left[ \dot{\boldsymbol{q}}_{e1}^T, \dot{\boldsymbol{q}}_{e2}^T \right] \begin{bmatrix} \boldsymbol{m}_e + \boldsymbol{J}_e/2 & \boldsymbol{0} \\ \boldsymbol{0} & \boldsymbol{m}_e + \boldsymbol{J}_e/2 \end{bmatrix} \begin{bmatrix} \dot{\boldsymbol{q}}_{e1} \\ \dot{\boldsymbol{q}}_{e2} \end{bmatrix}$$

$$+ \frac{\Omega}{2} \left[ \dot{\boldsymbol{q}}_{e1}^T, \dot{\boldsymbol{q}}_{e2}^T \right] \begin{bmatrix} \boldsymbol{0} & \boldsymbol{J}_e \\ -\boldsymbol{J}_e & \boldsymbol{0} \end{bmatrix} \begin{bmatrix} \boldsymbol{q}_{e1} \\ \boldsymbol{q}_{e2} \end{bmatrix} \tag{5-55}$$

其中

$$\boldsymbol{m}_e = \int_0^l \rho A \boldsymbol{N}^T \boldsymbol{N} \mathrm{d}x, \quad \boldsymbol{J}_e = 2 \int_0^l \rho I \boldsymbol{N'}^T \boldsymbol{N'} \mathrm{d}x \tag{5-56}$$

具体写出,

$$\boldsymbol{m}_e = \frac{\rho A l}{420} \begin{bmatrix} 156 & 22l & 54 & -13l \\ 22l & 4l^2 & 13l & -3l^2 \\ 54 & 13l & 156 & -22l \\ -13l & -3l^2 & -22l & 4l^2 \end{bmatrix}$$

$$\boldsymbol{J}_e = \frac{\rho I}{15l} \begin{bmatrix} 36 & 3l & -36 & 3l \\ 3l & 4l^2 & -3l & -l^2 \\ -36 & -3l & 36 & -3l \\ 3l & -l^2 & -3l & 4l^2 \end{bmatrix} \tag{5-57}$$

把整根连续轴分成 $n$ 个节点, $n-1$ 个单元, 第 $i$ 个节点的广义坐标为 $y_i$, $\theta_{y_i}$, $z_i$, $\theta_{z_i}$, 令

$$\boldsymbol{q}_1 = \{y_1, \theta_{y_1}, y_2, \theta_{y_2}, \cdots, y_N, \theta_{y_N}\}^T$$

$$\boldsymbol{q}_2 = \{z_1, \theta_{z_1}, z_2, \theta_{z_2}, \cdots, z_N, \theta_{z_N}\}^T \tag{5-58}$$

$$\boldsymbol{q} = \left\{ \boldsymbol{q}_1^T, \boldsymbol{q}_2^T \right\}^T$$

于是, 整根转轴的有限元模型下的势能和动能为

$$V = \frac{1}{2} \left[ \boldsymbol{q}_1^T, \boldsymbol{q}_2^T \right] \begin{bmatrix} \boldsymbol{K} & \boldsymbol{0} \\ \boldsymbol{0} & \boldsymbol{K} \end{bmatrix} \begin{bmatrix} \boldsymbol{q}_1 \\ \boldsymbol{q}_2 \end{bmatrix}$$

$$T = \frac{1}{2} \begin{bmatrix} \dot{\boldsymbol{q}}_1^{\mathrm{T}}, \dot{\boldsymbol{q}}_2^{\mathrm{T}} \end{bmatrix} \begin{bmatrix} \boldsymbol{m} + \boldsymbol{J}/2 & \boldsymbol{0} \\ \boldsymbol{0} & \boldsymbol{m} + \boldsymbol{J}/2 \end{bmatrix} \begin{bmatrix} \dot{\boldsymbol{q}}_1 \\ \dot{\boldsymbol{q}}_2 \end{bmatrix}$$

$$+ \frac{\Omega}{2} \begin{bmatrix} \dot{\boldsymbol{q}}_1^{\mathrm{T}}, \dot{\boldsymbol{q}}_2^{\mathrm{T}} \end{bmatrix} \begin{bmatrix} \boldsymbol{0} & \boldsymbol{J} \\ -\boldsymbol{J} & \boldsymbol{0} \end{bmatrix} \begin{bmatrix} \boldsymbol{q}_1 \\ \boldsymbol{q}_2 \end{bmatrix} \tag{5-59}$$

其中 $\boldsymbol{K}$、$\boldsymbol{m}$ 和 $\boldsymbol{J}$ 是由各单元的 $\boldsymbol{K}_{\mathrm{e}}$、$\boldsymbol{m}_{\mathrm{e}}$ 和 $\boldsymbol{J}_{\mathrm{e}}$ 按相应坐标位置总装而成的 $2n \times 2n$ 阵，代入 Lagrange 运动方程，得到涡动方程

$$\begin{bmatrix} \boldsymbol{m} + \boldsymbol{J}/2 & \boldsymbol{0} \\ \boldsymbol{0} & \boldsymbol{m} + \boldsymbol{J}/2 \end{bmatrix} \begin{bmatrix} \ddot{\boldsymbol{q}}_1 \\ \ddot{\boldsymbol{q}}_2 \end{bmatrix} + \Omega \begin{bmatrix} \boldsymbol{0} & \boldsymbol{J} \\ -\boldsymbol{J} & \boldsymbol{0} \end{bmatrix} \begin{bmatrix} \dot{\boldsymbol{q}}_1 \\ \dot{\boldsymbol{q}}_2 \end{bmatrix}$$

$$+ \begin{bmatrix} \boldsymbol{K}_1 & \boldsymbol{0} \\ \boldsymbol{0} & \boldsymbol{K}_2 \end{bmatrix} \begin{bmatrix} \boldsymbol{q}_1 \\ \boldsymbol{q}_2 \end{bmatrix} = \begin{Bmatrix} \boldsymbol{Q}_{1\mathrm{s}} \\ \boldsymbol{Q}_{2\mathrm{s}} \end{Bmatrix} \tag{5-60}$$

式 (5-59) 即为整梁的运动方程，$\boldsymbol{Q}_{1\mathrm{s}}$ 和 $\boldsymbol{Q}_{2\mathrm{s}}$ 为作用在梁上相应的广义力，$\boldsymbol{K}_1$ 和 $\boldsymbol{K}_2$ 是计入了可能有的不对称支承刚度和弹性连接件之后的刚度阵。若不存在这些不对称弹性件，则有 $\boldsymbol{K} = \boldsymbol{K}_1 = \boldsymbol{K}_2$。

### 5.3.5　系统的运动方程

对于具有 $N$ 个节点，其间由 $N-1$ 个轴段连接而成的转子系统，如不计轴承座的等效质量，则系统的位移向量为

$$\boldsymbol{q} = \left\{ \boldsymbol{q}_1^{\mathrm{T}}, \boldsymbol{q}_{\mathrm{e}2}^{\mathrm{T}} \right\}^{\mathrm{T}}$$

$$= \left\{ y_1, \theta_{y_1}, y_2, \theta_{y_2}, \cdots, y_N, \theta_{y_N}, \ z_1, \theta_{z_1}, z_2, \theta_{z_2}, \cdots, z_N, \theta_{z_N} \right\}^{\mathrm{T}} \tag{5-61}$$

综合各圆盘及轴段单元的运动方程 (5-47) 和 (5-59)，可得到转子系统的运动方程 [36,37]

$$\boldsymbol{M}\ddot{\boldsymbol{q}} + \boldsymbol{G}\dot{\boldsymbol{q}} + \boldsymbol{K}\boldsymbol{q} = \boldsymbol{f}_1(t) \tag{5-62}$$

方程 (5-62) 即为通常所说的有限元离散后转子系统的运动方程。其中 $\boldsymbol{M}$ 为系统的质量矩阵，$\boldsymbol{G}$ 为系统的陀螺矩阵，为反对称矩阵，当系统加入阻尼时其改写成一般矩阵 $\boldsymbol{C}$，$\boldsymbol{K}$ 为系统的刚度矩阵，一般为对称矩阵，只有在计入不对称支承刚度和弹性连接件时才为不对称矩阵，$\boldsymbol{f}_1(t)$ 为系统的外力项，这几项即由前面所述的单元质量阵、陀螺阵和刚度阵，以及单元相应外力总装而成，具体的组合方法可以在任何一本有关转子动力学有限元方法的书中看到，这里就不再介绍了。

## 5.4 陀螺力对振动稳定性的影响

当没有陀螺力时，振动的稳定性只取决于刚度阵 $K$。质量阵 $M$ 通常都是正定的，当 $K$ 阵也为正定时，振动为稳定。而在 $K$ 为正定阵时，有陀螺力作用时体系仍为稳定。当 $K$ 阵不正定而出现负本征值时，无陀螺力作用时体系为不稳定。现在的问题是如果有陀螺力作用，$K$ 阵出现负的本征值，体系的稳定性如何？[38,39]

在这方面有汤姆孙-泰德 (Thomson-Tait) 的经典结果。后文将证明他们的定理：如果 $K$ 阵对角化后有奇数个负元，那么不论用何种陀螺力都不能使系统变为稳定。

现在先举例说明，陀螺力是可以使某种不稳定系统变为稳定的。设有二自由度系统，没有陀螺力时是不稳定的

$$\ddot{q}_1 + k_1 q_1 = 0, \quad \ddot{q}_2 + k_2 q_2 = 0 \quad (k_1 < 0, k_2 < 0) \tag{5-63}$$

现在再加上陀螺力，成为方程组

$$\ddot{q}_1 + \Gamma \dot{q}_2 + k_1 q = 0, \qquad \ddot{q}_2 - \Gamma \dot{q}_1 + k_2 q = 0$$

$$M = \begin{bmatrix} 1 & 0 \\ 0 & 1 \end{bmatrix}, \quad K = \begin{bmatrix} k_1 & 0 \\ 0 & k_2 \end{bmatrix}, \quad G = \begin{bmatrix} 0 & \Gamma \\ -\Gamma & 0 \end{bmatrix} \tag{5-64}$$

则系统本征值 $\mu$ 的方程由 $\det(\mu L - N) = 0$ 解出。

其中

$$L = \begin{bmatrix} 1 & 0 & 0 & 0 \\ 0 & 1 & 0 & 0 \\ 0 & \Gamma/2 & 1 & 0 \\ -\Gamma/2 & 0 & 0 & 1 \end{bmatrix}$$

$$N = \begin{bmatrix} 0 & 0 & 1 & 0 \\ 0 & 0 & 0 & 1 \\ -k_1 & 0 & 0 & -\Gamma/2 \\ 0 & -k_2 & \Gamma/2 & 0 \end{bmatrix} \tag{5-65}$$

整理得

$$\mu^4 + (\Gamma^2 + k_1 + k_2)\mu^2 + k_1 k_2 = 0 \tag{5-66}$$

如

$$k_1 k_2 > 0, \quad \Gamma^2 + k_1 + k_2 > 0, \quad (\Gamma^2 + k_1 + k_2) - 4k_1 k_2 > 0$$

则 $\mu^2$ 的根将取负值，从而 $\mu$ 为纯虚数，运动就是稳定的。而 $k_1 < 0, k_2 < 0$ 已保证了第 1 个条件满足，所以只要

$$\Gamma^2 + (k_1 + k_2) > 0 \tag{5-67}$$

那么，系统就是稳定的。

从这里也看到，如 $k_1 > 0, k_2 < 0$，则系统肯定是不稳定的，不论 $\Gamma$ 取得多大。

现在证明 Thomson-Tait 定理。

对本征值 $\mu$ 的方程

$$\Delta(\mu) = \det(\mu\boldsymbol{L} - \boldsymbol{N}) = 0 \tag{5-68}$$

其中 $\boldsymbol{N}$ 阵、$\boldsymbol{L}$ 阵皆为实矩阵。当 $\mu$ 取任何实数时，$\Delta(\mu)$ 也取实值且为 $\mu$ 的连续函数。当 $\mu = 0$ 时，$\Delta(0) = \det(\boldsymbol{JN}) = \prod_1^n k_i$，而当 $\mu \to \infty$ 时 $\Delta(\infty) > 0$ 肯定取正值，为 $\mu^{2n}$。$\Delta(0)$ 的符号取决于 $k_i$ 中出现负元的个数，如果是奇数，则 $\Delta(0) < 0$；当 $\mu$ 自 0 变化到 $\infty$ 时，$\Delta(\mu)$ 将由负变正，而且是连续变化的，因此在某个 $\mu > 0$ 处必有 $\Delta(\mu) = 0$。这意味着存在 $\mu > 0$ 的本征根，因此必然不稳定。证毕。

考虑有阻尼的陀螺系统。假设阻尼项可用瑞利 (Rayleigh) 阻尼来表征。耗散函数为 $\dot{\boldsymbol{q}}^{\mathrm{T}}\boldsymbol{C}\dot{\boldsymbol{q}}/2$，其中 $\boldsymbol{C}$ 阵为对称正定，或至少为非负 $n \times n$ 矩阵。阻尼力为 $\boldsymbol{C}\dot{\boldsymbol{q}}$，耗散函数就是阻尼力消耗的功。

对 $\boldsymbol{M}, \boldsymbol{K}$ 所组成的系统，守恒是机械能的守恒，阻尼表明系统的机械能减少，耗散函数就是耗散功率。对于陀螺系统，阻尼力的作用又如何呢？这就要区分哈密顿函数 $H(\boldsymbol{q}, \boldsymbol{p})$ 为正定或不正定两种情况。只要哈密顿函数为正定，则该哈密顿函数就可以选作李雅普诺夫函数。动力方程可导出哈密顿函数不断耗散减少，所以系统仍是渐进稳定的。问题在于在哈密顿函数不正定 (当然 $\boldsymbol{K}$ 阵不正定) 的条件下，阻尼力起什么作用。契塔耶夫 (Chetaev) 证明了，耗散力将会使由陀螺力稳定下来的偶数个原本为不稳定的自由度又变成不稳定。

综上所述，按 Thomson-Tait 定理，$\boldsymbol{K}$ 阵如有偶数个不稳定的自由度，则陀螺力可能使系统变为稳定，这对没有阻尼的陀螺系统才成立；有了阻尼，系统重又成为不稳定。但是这种不稳定发展得非常慢，所以系统实际是处于一种亚稳定状态的。

## 5.5　转子动力学计算算例

以某百万千瓦电站引风机组两级齿轮传动减速的轴系为研究对象，进行齿轮耦合轴系的建模与振动分析：

(1) 轴系组成：工业汽轮机 + 齿轮箱 + 引风机；

(2) 齿轮箱为二级齿轮减速；

(3) 齿轮箱与引风机间的联轴器长 8.7m，质量约 6000kg；

(4) 工业汽轮机为高速端，转速：6015r/min(额定)，6235r/min (最大)；

引风机为低速端，转速：820r/min(额定)，850r/min (最大)。轴系简图如图 5-18 所示。

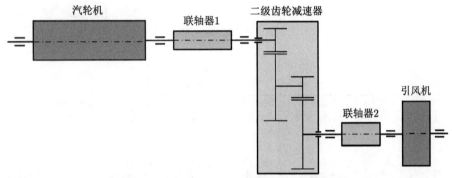

图 5-18　某百万千瓦电站汽动引风机组轴系简图

根据产品的具体结构和建模方法建立轴系的转子动力学计算模型，对轴承、联轴器和齿轮进行简化处理，建模完成后的转子动力学系统如图 5-19 所示。

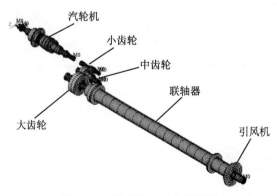

图 5-19　轴系转子动力学模型

分析获得的轴系的 Campbell 图、前 20 阶固有频率及振型分别如图 5-20、表 5-2 和图 5-21 所示。

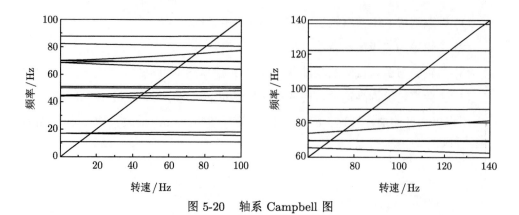

图 5-20   轴系 Campbell 图

**表 5-2   轴系前 20 阶固有频率**

| 阶数 | 频率/Hz | 振动类型 | 主要振动部位 | 阶数 | 频率/Hz | 振动类型 | 主要振动部位 |
|---|---|---|---|---|---|---|---|
| 1 | 10.969 | 轴向、弯曲 | 工业汽轮机、联轴器、引风机 | 11 | 69.453 | 弯曲 | 引风机轴系 |
| 2 | 16.804 | 弯曲 | 联轴器 | 12 | 69.660 | 弯曲 | 引风机轴系 |
| 3 | 17.243 | 弯曲 | 联轴器 | 13 | 75.220 | 弯曲 | 引风机轴系 |
| 4 | 25.745 | 弯曲 | 汽轮机 | 14 | 80.898 | 弯曲 | 汽轮机、小齿轮 |
| 5 | 42.792 | 弯曲 | 引风机轴系 | 15 | 87.831 | 弯曲 | 引风机轴系 |
| 6 | 44.475 | 弯曲 | 汽轮机 | 16 | 99.531 | 弯曲 | 引风机轴系 |
| 7 | 46.501 | 弯曲 | 引风机轴系 | 17 | 102.19 | 弯曲 | 引风机轴系 |
| 8 | 50.202 | 弯曲 | 工业汽轮机、引风机轴系 | 18 | 112.70 | 弯曲 | 引风机轴系 |
| 9 | 51.266 | 弯曲 | 工业汽轮机、引风机轴系 | 19 | 122.23 | 弯曲 | 中齿轮、引风机轴系 |
| 10 | 65.300 | 弯曲 | 引风机轴系 | 20 | 137.74 | 弯曲 | 中齿轮、引风机轴系 |

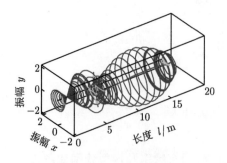

(1) 第1阶振型图

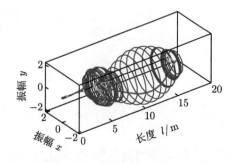

(2) 第2阶振型图

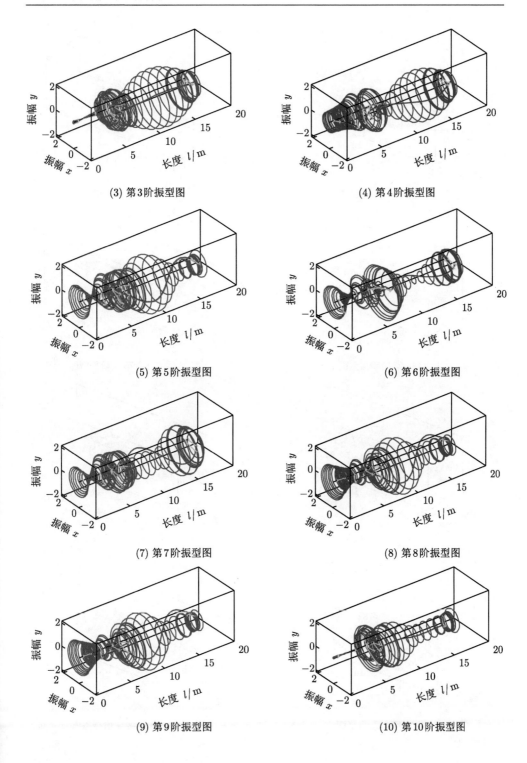

(3) 第3阶振型图

(4) 第4阶振型图

(5) 第5阶振型图

(6) 第6阶振型图

(7) 第7阶振型图

(8) 第8阶振型图

(9) 第9阶振型图

(10) 第10阶振型图

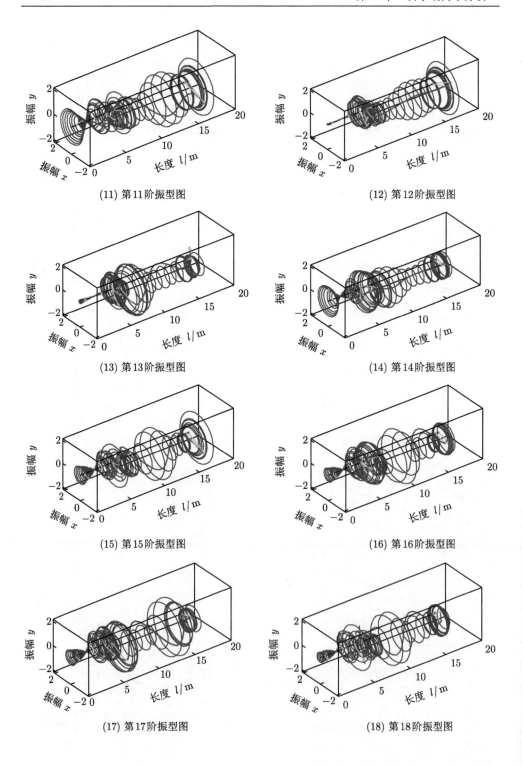

(11) 第11阶振型图

(12) 第12阶振型图

(13) 第13阶振型图

(14) 第14阶振型图

(15) 第15阶振型图

(16) 第16阶振型图

(17) 第17阶振型图

(18) 第18阶振型图

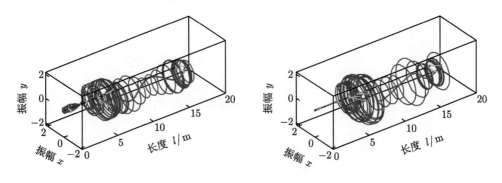

(19) 第19阶振型图  (20) 第20阶振型图

图 5-21    轴系前 20 阶振型图

# 第 6 章　汽缸及管道强度计算

## 6.1　引　　言

　　汽缸和管道是工业汽轮机的关键部件之一，汽缸承受内部高温高压蒸汽的作用，其应力与位移是考核汽缸安全性的关键指标，尤其是中分面及螺栓的安全性；管道除了承受内部流体的作用力之外还承受支吊架、汽缸接口、凝汽器或其他部件的作用力，边界条件复杂，且管道形式多样、种类众多，本章主要介绍汽缸和管道的相关计算方法。

## 6.2　高压汽缸应力与位移计算

　　汽缸是工业汽轮机的主要静止部件，汽缸上装有引入蒸汽和分配蒸汽的通道。汽缸将通流部分和大气隔离开来，形成了蒸汽热能向机械能转换的封闭空间[40−43]。

　　汽缸受到的载荷主要有：

　　(1) 内外压差产生的静压力；

　　(2) 汽缸、隔板、隔板套和转子质量产生的静载荷，以及转子振动引起的交变载荷；

　　(3) 蒸汽流动产生的推力及反作用力；

　　(4) 汽缸、法兰和螺栓等由温度不均匀产生的热应力；

　　(5) 主蒸汽、抽汽和排汽管道对汽缸产生的管道力等。

　　汽缸强度计算主要是考核汽缸的强度、刚度和汽缸中分面的密封性。

　　以某机型高压汽缸为例进行分析，由于汽缸为平面对称结构，故计算时可以简化为图 6-1 和图 6-2 所示的 1/2 结构。网格划分如图 6-3 和图 6-4 所示。在上、下缸及螺栓螺帽与汽缸之间定义了 15 对接触单元，如图 6-5 所示，螺栓的结构与网格情况见图 6-6，模型共有节点 397920，单元 252205。汽缸与螺栓的材料性能见表 6-1。本节共计算四种载荷情况：①安装工况；②工作工况；③1.5 倍工作压力工况；④2.0 倍工作压力工况。

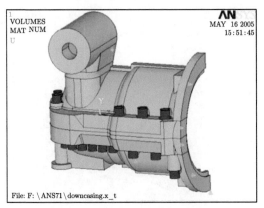

图 6-1  汽缸计算模型外部视角

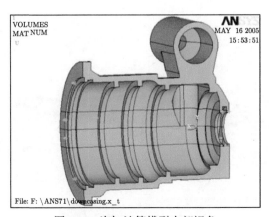

图 6-2  汽缸计算模型内部视角

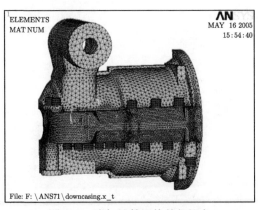

图 6-3  汽缸计算网格外部视角

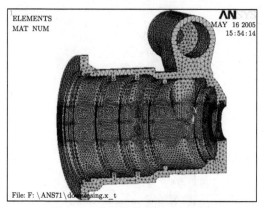

图 6-4　汽缸计算网格内部视角

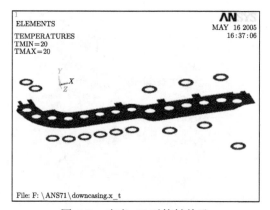

图 6-5　定义 15 对接触单元

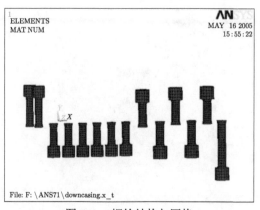

图 6-6　螺栓结构与网格

表 6-1 材料性能数据表

| 温度/°C | 汽缸材料 | | 螺栓材料 | |
| --- | --- | --- | --- | --- |
| | $E/(\times 10^5 \text{ MPa})$ | $\lambda/(\times 10^{-5})$ | $E/(\times 10^5 \text{ MPa})$ | $\lambda/(\times 10^{-5})$ |
| −300 | — | — | 2.21 | 1.174 |
| 0 | 2.11 | 1.1 | 2.21 | — |
| 100 | 2.04 | 1.1 | — | — |
| 200 | 1.96 | 1.2 | — | 1.174 |
| 300 | 1.86 | 1.3 | — | 1.285 |
| 400 | 1.77 | 1.35 | 1.93 | 1.317 |
| 500 | 1.64 | 1.4 | 1.85 | 1.374 |
| 600 | 1.27 | 1.4 | 1.76 | 1.398 |

螺栓预紧力要求螺栓预紧应力在 278MPa 左右,施加螺栓预紧力有多种方法,现通过改变螺栓与汽缸的温度施加螺栓的预紧力:汽缸温度为 20℃,螺栓温度 −130℃,通过非线性接触计算得到大部分螺栓的预紧应力在 275~280MPa,两端部螺栓的预紧应力在 295MPa 左右,基本达到要求,如图 6-7 和图 6-8 所示。当然,

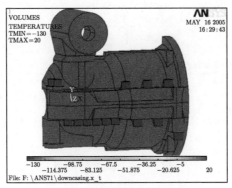

图 6-7 施加螺栓预紧应力时的温度场

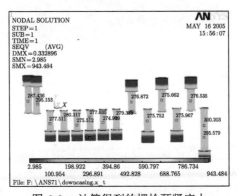

图 6-8 计算得到的螺栓预紧应力

由于在汽缸内表面没有施加面力，所以上下缸接触面的接触应力比较均匀。接触面的接触应力与接触间隙情况见图 6-9 和图 6-10。

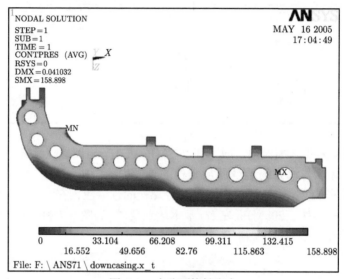

图 6-9　中分面接触应力

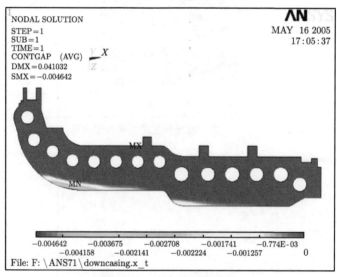

图 6-10　中分面接触间隙

　　工作工况下，汽缸内部各区域压力分布情况见图 6-11，螺栓应力见图 6-12，与图 6-8 比较应力没有什么变化。汽缸中分面密封情况见图 6-13～图 6-17，从图中看密封情况很好。汽缸应力见图 6-18，应力水平比较低，汽缸有相当大的强度储备。

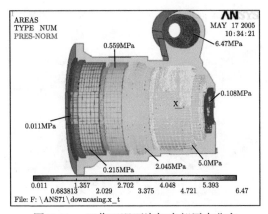

图 6-11　工作工况下汽缸内部压力分布

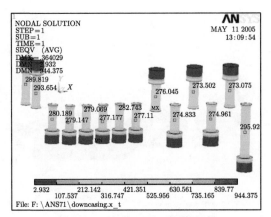

图 6-12　工作工况下螺栓应力

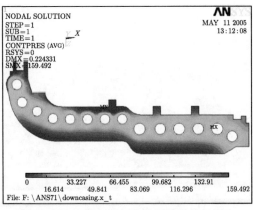

图 6-13　工作工况下中分面总体接触压力

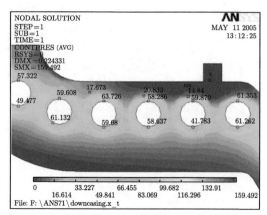

图 6-14　工作工况下中分面局部接触压力

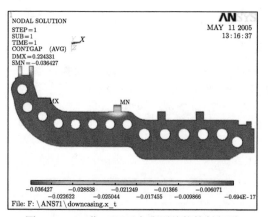

图 6-15　工作工况下中分面总体接触间隙

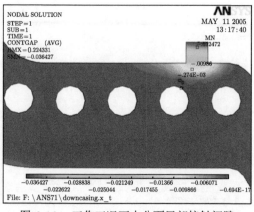

图 6-16　工作工况下中分面局部接触间隙

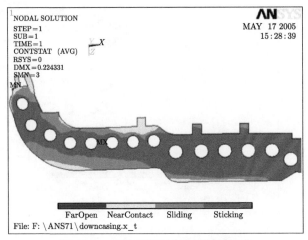

图 6-17 工作工况下中分面接触状态

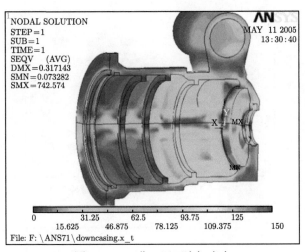

图 6-18 工作工况下汽缸应力

1.5 倍工作压力工况下汽缸内部各区域压力分布情况见图 6-19,与图 6-11 比较,最高压力为 6.47×1.5=9.705(MPa),最低压力为 0.011×1.5=0.0165(MPa)。螺栓应力见图 6-20,与图 6-8 比较应力略有增加。汽缸中分面密封情况见图 6-21~图 6-25,从图中看密封状态已相当危险,图 6-23 显示第 7 号螺栓里侧密封压力已相当低,间隙也开始产生,从图 6-25 可以看到 "Near Contact" 区域已接近 7 号螺栓里侧,此处处于一种临界状态。汽缸应力见图 6-26,应力水平在 100MPa 以下,是相当安全的。1.5 倍工作压力情况下,计算显示汽缸中分面密封处于临界状态,其他各部分应力情况正常。

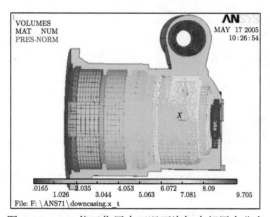

图 6-19    1.5 倍工作压力工况下汽缸内部压力分布

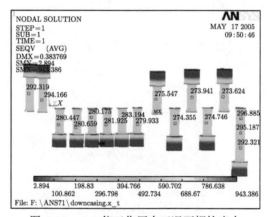

图 6-20    1.5 倍工作压力工况下螺栓应力

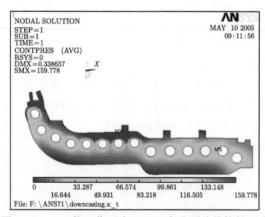

图 6-21    1.5 倍工作压力工况下中分面总体接触压力

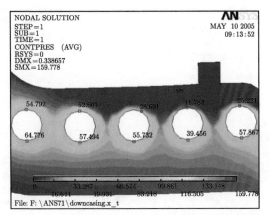

图 6-22　1.5 倍工作压力工况下中分面局部接触压力

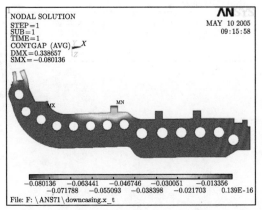

图 6-23　1.5 倍工作压力工况下中分面总体接触间隙

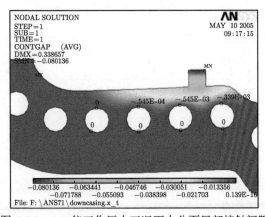

图 6-24　1.5 倍工作压力工况下中分面局部接触间隙

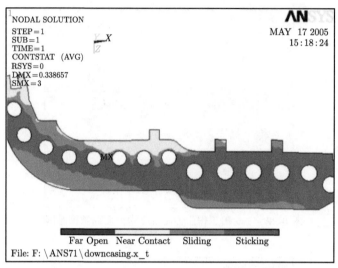

图 6-25　1.5 倍工作压力中工况下分面接触状态

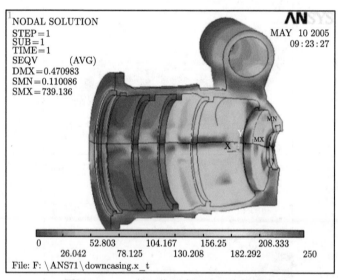

图 6-26　1.5 倍工作压力工况下汽缸应力

　　2 倍工作压力工况下汽缸内部各区域压力分布情况见图 6-27，螺栓应力见图 6-28，与图 6-8 与图 6-12 比较应力略有增加。汽缸中分面密封情况见图 6-29～图 6-33，从图中看密封状态完全破坏，图 6-30 显示第 6、7、8 号螺栓里侧密封压力已为 0，从图 6-33 中显示已完全进入 "Near Contact" 区域。汽缸应力见图 6-34，应力水平一般在 150MPa 以下还是安全的。所以在 2 倍工作压力工况下，计算显示汽缸中分面处于不密封状态，其他各部分应力都正常。

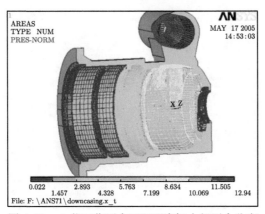

图 6-27　2 倍工作压力工况下汽缸内部压力分布

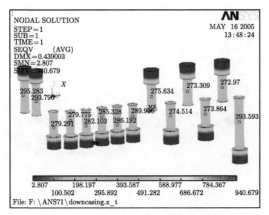

图 6-28　2 倍工作压力工况下螺栓应力

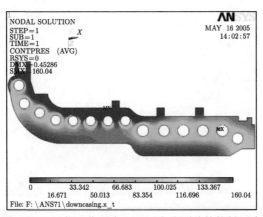

图 6-29　2 倍工作压力工况下中分面总体接触压力

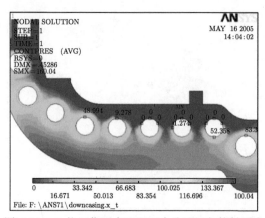

图 6-30　2 倍工作压力工况下中分面局部接触压力

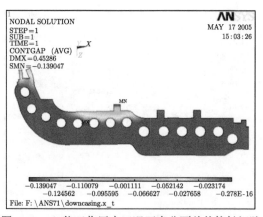

图 6-31　2 倍工作压力工况下中分面总体接触间隙

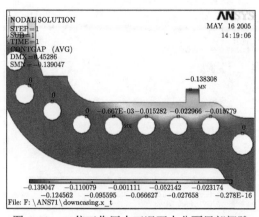

图 6-32　2 倍工作压力工况下中分面局部间隙

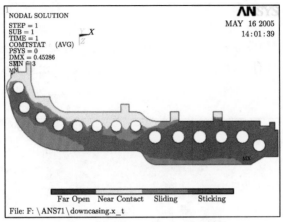

图 6-33　2 倍工作压力工况下中分面接触状态

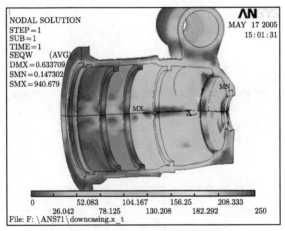

图 6-34　2 倍工作压力工况下汽缸应力

螺栓拉应力为 280MPa 时，工作工况下汽缸中分面密封情况正常；1.5 倍工作压力状态下汽缸中分面密封处于临界状态；2 倍工作压力状态下汽缸中分面密封状态完全破坏，第 6、7、8 号螺栓里侧密封压力已为 0，已完全进入 "Near Contact" 区域。

## 6.3　排汽缸应力与位移计算

某型工业汽轮机排汽缸主体采用 20mm 钢板焊接而成，现通过有限元方法计算其受真空压力时的强度与刚度，分别计算上缸与下缸分开时以及上下缸组合在一起时在 0.1MPa 外压下的变形与应力。

### 6.3.1　上缸计算

　　上缸计算模型如图 6-35 和图 6-36 所示,按照工程图尺寸建模,网格如图 6-37 和图 6-38 所示,共有 15787 个节点,7160 个单元,单元基本尺寸大小为 60mm 左右。

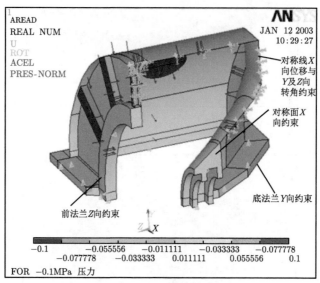

图 6-35　上缸模型视角 1

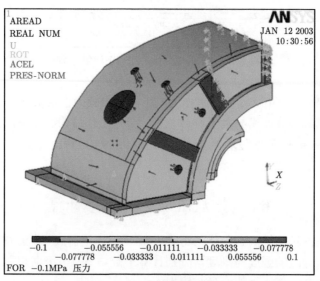

图 6-36　上缸模型视角 2

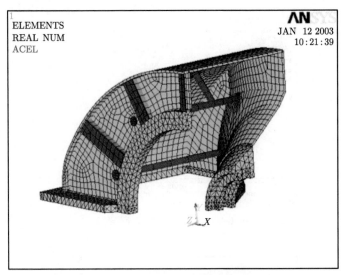

图 6-37　上缸模型网格视角 1

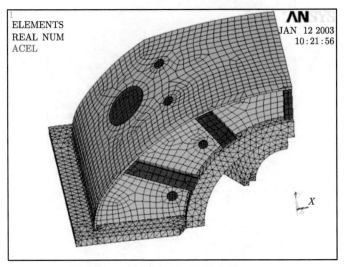

图 6-38　上缸模型网格视角 2

　　计算边界条件：中分面法兰 $Y$ 向位移约束，前法兰 $Z$ 向位移约束，对称面与线均按对称条件进行约束，在汽缸的表面施加 0.1MPa 外压。

　　计算结果：$XYZ$ 三向变形如图 6-39~图 6-41 所示，应力状态如图 6-42~图 6-46 所示，从图中可看到，上缸在受外压作用时，$X$ 及 $Y$ 向位移很小，$Z$ 向位移 (轴向) 最大值为 0.75mm，而密封挡处为 0.62mm 左右。应力水平都较低，局部最大也不超过 70MPa。

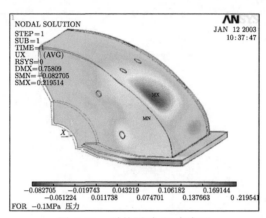

图 6-39   受外压时 $X$ 向变形

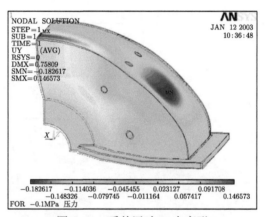

图 6-40   受外压时 $Y$ 向变形

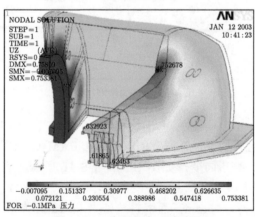

图 6-41   受外压时 $Z$ 向变形

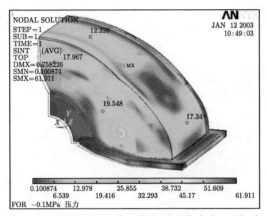

图 6-42 受外压时板单元外表面弯曲应力 (逆气流)

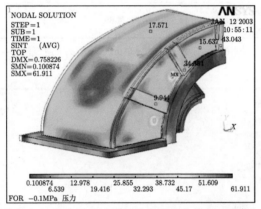

图 6-43 受外压时板单元外表面弯曲应力 (顺气流)

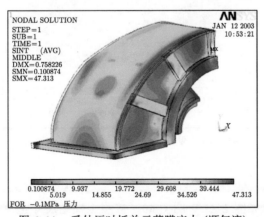

图 6-44 受外压时板单元薄膜应力 (顺气流)

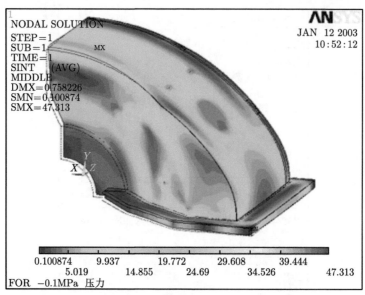

图 6-45　受外压时板单元薄膜应力 (逆气流)

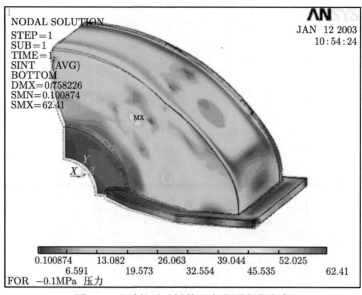

图 6-46　受外压时板单元内表面弯曲应力

### 6.3.2　下缸计算

下缸计算模型如图 6-47~ 图 6-49，按照工程图尺寸建模，网格如图 6-50~ 图 6-52，共有 46001 个节点，22402 个单元，单元基本尺寸大小为 60mm 左右。

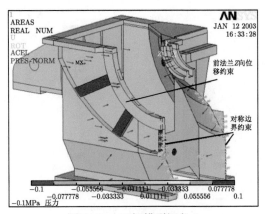

图 6-47 下缸模型视角 1

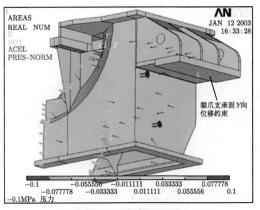

图 6-48 下缸模型视角 2

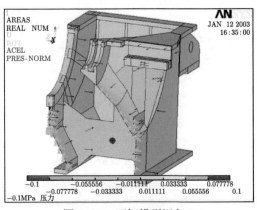

图 6-49 下缸模型视角 3

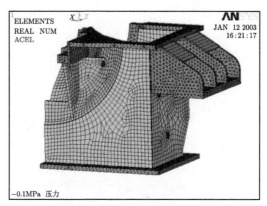

图 6-50　下缸模型网格视角 1

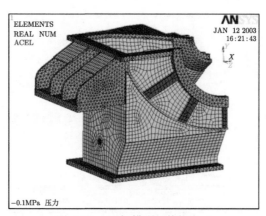

图 6-51　下缸模型网格视角 2

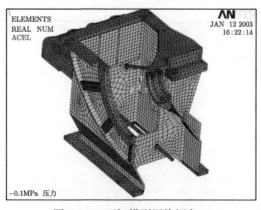

图 6-52　下缸模型网格视角 3

计算边界条件：猫爪底面 $Y$ 向位移约束，前法兰 $Z$ 向位移约束，对称面与线均按对称条件进行约束，在汽缸的表面施加 0.1MPa 外压。

计算结果：$XYZ$ 三向变形如图 6-53～图 6-55 所示，应力状态如图 6-56～图 6-60 所示，从图中可看到，下缸在受外压作用时，$X$ 及 $Z$ 向板的表面在外压作用下出现凹坑，$X$ 向变形为 1mm 左右，$Z$ 向变形为 3mm 左右，这对于这么大结构的汽缸来讲影响还不大，但在密封挡处 $Z$ 向位移为 1.4mm 左右，这就可能会影响转子的安装精度，所以下缸的刚度看来略显不够。图中应力水平都较低。在中间加强板与前面板的交界处压应力比较大，由于这是二次应力并且是压应力，所以还是允许的。

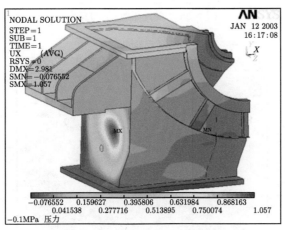

图 6-53 受外压时 $X$ 向变形

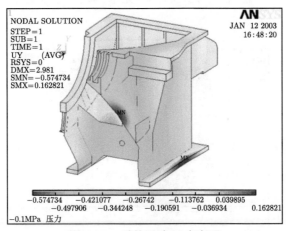

图 6-54 受外压时 $Y$ 向变形

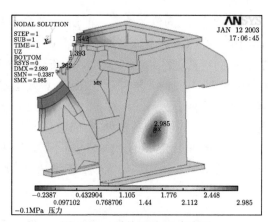

图 6-55　受外压时 $Z$ 向变形

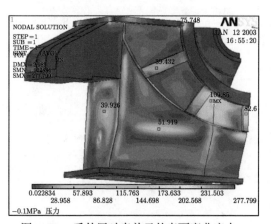

图 6-56　受外压时壳单元外表面弯曲应力 1

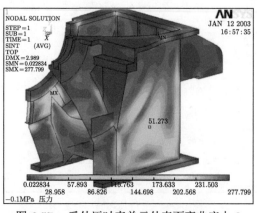

图 6-57　受外压时壳单元外表面弯曲应力 2

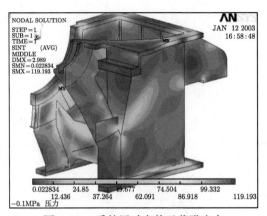

图 6-58  受外压时壳单元薄膜应力

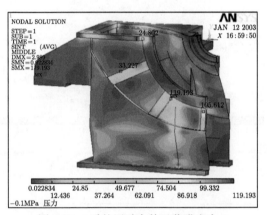

图 6-59  受外压时壳单元薄膜应力 2

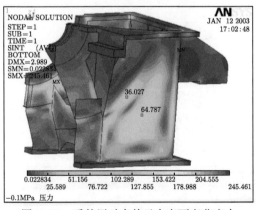

图 6-60  受外压时壳单元内表面弯曲应力

因此，从下缸单独的计算结果看，下缸在 $Z$ 向 (即轴向) 的刚度略显不够，强度方面没有问题。

### 6.3.3　上下缸组合计算

上下缸组合计算模型如图 6-61 和图 6-62，网格如图 6-63 和图 6-64，共有 61788 个节点，29562 个单元，单元基本尺寸大小仍为 60mm 左右。

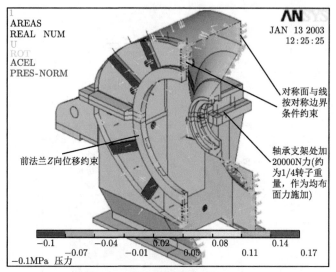

图 6-61　上下缸组合模型视角 1

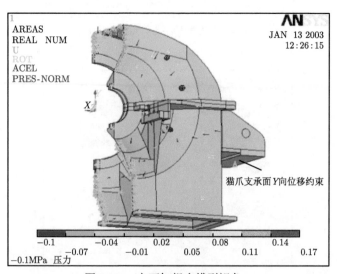

图 6-62　上下缸组合模型视角 2

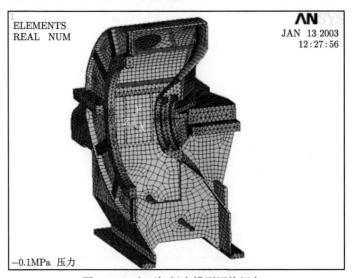

图 6-63　上下缸组合模型网格视角 1

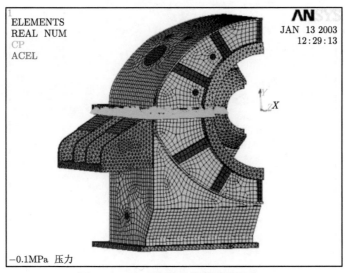

图 6-64　上下缸组合模型网格视角 2

　　计算边界条件：猫爪底面 $Y$ 向位移约束，前法兰 $Z$ 向位移约束，对称面与线均按对称条件进行约束，在汽缸的表面施加 0.1MPa 外压。对于中分面法兰，实际情况是一个由螺栓连接的接触问题。由于排汽缸受的是真空吸力产生的外压，中分面法兰上下两表面始终是接触的，所以模型中将相应节点 $Y$ 向位移耦合，如图 6-65 所示。选取其中部分节点 $X$ 及 $Z$ 向位移耦合，如图 6-66 所示，相当于这部分节点为螺栓连接。这样将一个非线性接触问题转化为线性问题来解。

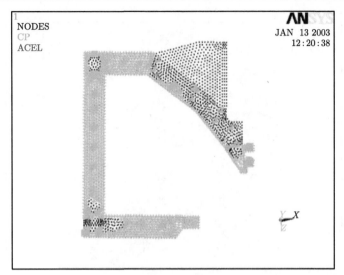

图 6-65　中分面法兰 $Y$ 向节点耦合情况

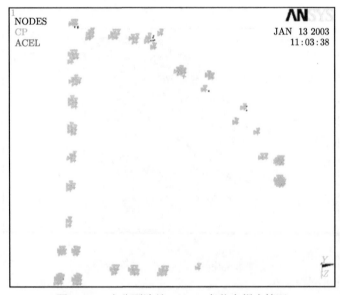

图 6-66　中分面法兰 $X$、$Z$ 向节点耦合情况

　　计算结果：$XYZ$ 三向变形如图 6-67~图 6-69 所示，应力状态如图 6-70~图 6-72 所示，从图中可看到，下缸在受外压作用时，$X$ 及 $Z$ 向板的表面在外压作用下同样出现凹坑，在真空力作用下排汽口法兰前缘下沉 0.129mm，后缘下沉 0.188mm 左右，轴承座支架前端下沉 0.196mm，后端下沉 0.138mm。对于密封挡轴向位移为 0.9mm 左右，可见下缸轴向刚度比上缸低一些。应力状态与上下缸单独计算时基本一致，中分面法兰的约束对受外压的缸体应力影响不大。

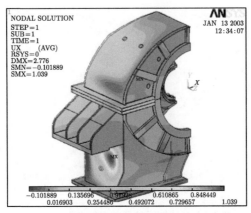

图 6-67  排汽缸受 0.1MPa 外压时 $X$ 向位移

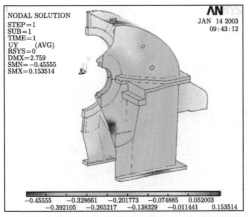

图 6-68  排汽缸受 0.1MPa 外压时 $Y$ 向位移

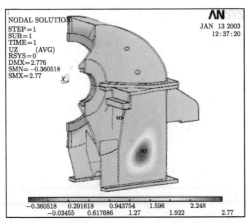

图 6-69  排汽缸受 0.1MPa 外压时 $Z$ 向位移

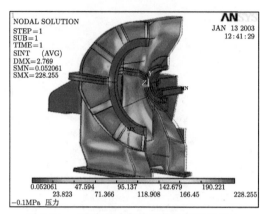

图 6-70　受外压时壳单元外表面弯曲应力

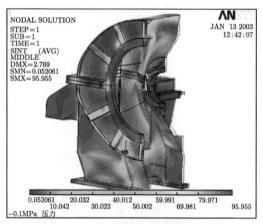

图 6-71　受外压时壳单元薄膜应力

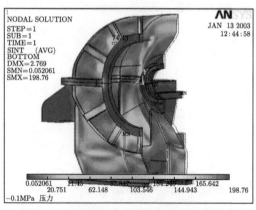

图 6-72　受外压时壳单元内表面弯曲应力

现分别计算汽缸猫爪相对于排汽法兰口垂直方向支承刚度以及相对于轴承座支架的垂直方向支承刚度。

(1) 汽缸猫爪相对于排汽法兰口垂直方向支承刚度：将模型所有表面压力载荷去掉，在排汽口法兰面 $Y$ 向给定单位位移，如图 6-73 所示。计算所得 $Y$ 向位移如图 6-74 所示。得到排汽缸垂直方向支承刚度约为 $4.9 \times 10^6 \mathrm{N/mm}$。

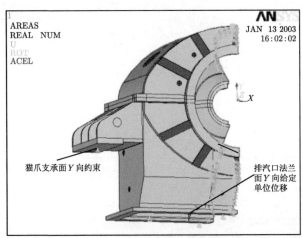

图 6-73 计算相对于排汽法兰口的垂直方向支承刚度时的边界约束情况

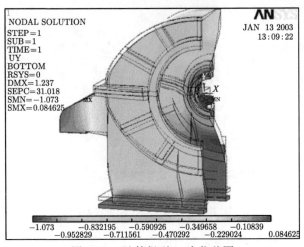

图 6-74 计算得到 $Y$ 向位移图

(2) 汽缸猫爪相对于轴承座支架的垂直方向支承刚度：将模型所有表面压力载荷去掉，在轴承座支架表面 $Y$ 向给定单位位移，如图 6-75 所示。计算所得 $Y$ 向位移如图 6-76 所示。得到排汽缸垂直方向支承刚度约为 $1.3 \times 10^6 \mathrm{N/mm}$。

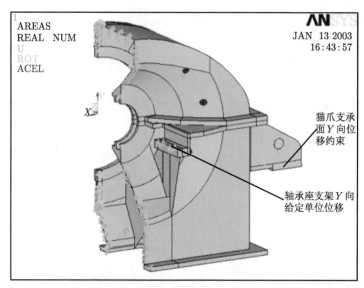

图 6-75   计算相对于轴承座支架的垂直方向支承刚度时的边界约束情况

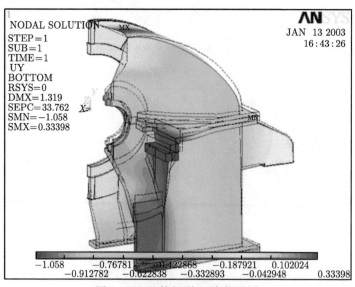

图 6-76   计算得到 $Y$ 向位移图

计算排汽缸横向支承刚度，与计算垂直方向支承刚度一样，分别计算排汽缸立键相对于轴承座支架的横向支承刚度以及相对于排汽法兰口的横向支承刚度。由于计算横向刚度时汽缸左右变形是反对称的，所以必须对整个汽缸模型进行计算。其边界约束情况分别见图 6-77、图 6-78，网格划分见图 6-79，图中节点为 125160 个，单元为 60477 个。

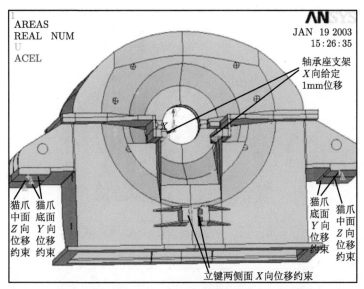

图 6-77　计算排汽缸立键相对于轴承座支架的横向支承刚度时的约束情况

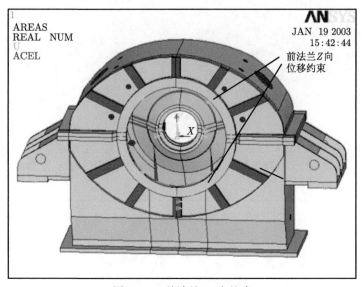

图 6-78　前法兰 $Z$ 向约束

排汽缸立键相对于轴承座支架的横向支承刚度：立键两侧面 $X$ 向约束，猫爪底面 $Y$ 向位移约束，猫爪沿轴向中截面 $Z$ 向位移约束，前法兰 $Z$ 向位移约束，轴承座支架两侧面 $X$ 向给定 1mm 位移。图 6-80～ 图 6-82 为计算得到的 $X$、$Y$、$Z$ 向位移图，从图中可看到 $Y$ 与 $Z$ 向变形都为反对称。计算得到排汽缸立键相对于轴承座支架的横向支承刚度约为 $1.3\times10^6$N/mm。

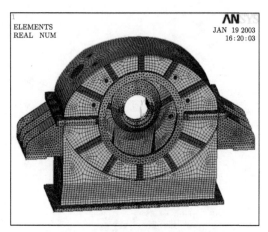

图 6-79　计算横向支承刚度时网格图

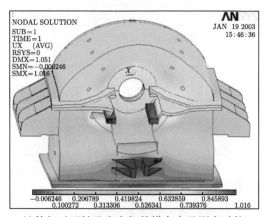

图 6-80　计算相对于轴承座支架的横向支承刚度时的 $X$ 向位移

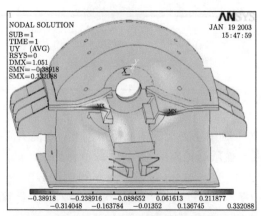

图 6-81　计算相对于轴承座支架的横向支承刚度时的 $Y$ 向位移

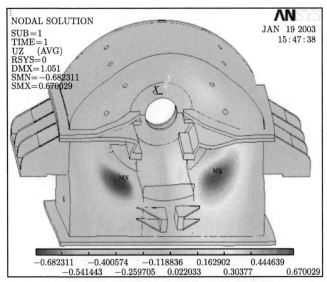

图 6-82　计算相对于轴承座支架的横向支承刚度时的 $Z$ 向位移

　　排汽缸立键相对于排汽法兰口横向支承刚度：其边界约束情况只是将图 6-77 中的"轴承座支架 $X$ 向给定 1mm 位移"去掉，改为在排汽口法兰底部 $X$ 向给定 1mm 位移，如图 6-83 所示，其他约束情况保持不变。图 6-84~图 6-86 为计算得到的 $X$、$Y$、$Z$ 向位移图，从图中同样可看到 $Y$ 与 $Z$ 向变形都为反对称。计算得到排汽缸立键相对于排汽口法兰的横向支承刚度约为 $5.5 \times 10^6 \mathrm{N/mm}$。

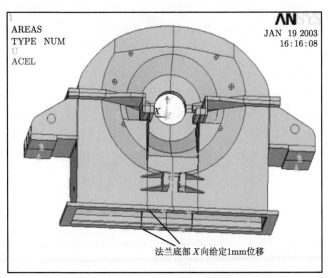

图 6-83　计算汽缸猫爪相对于排汽口法兰的横向支承刚度时的约束情况

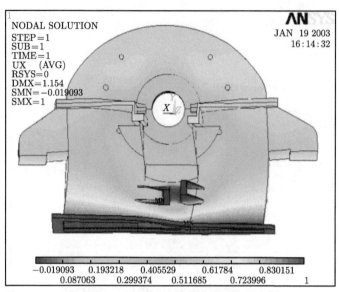

图 6-84　计算相对于排汽口法兰的横向支承刚度时的 $X$ 向位移

从上述计算中得到，排汽缸在受真空力外压时，应力都在允许值范围内，满足要求。刚度方面，在下缸后侧 $Z$ 向出现 3mm 左右深的凹坑，在左右两侧 $X$ 向出现 1mm 左右深的凹坑，这对于这么大的结构来讲影响不大。在密封挡处 $Z$ 向位移为 0.9mm 左右，下缸 $Z$ 向刚度比上缸低一些。

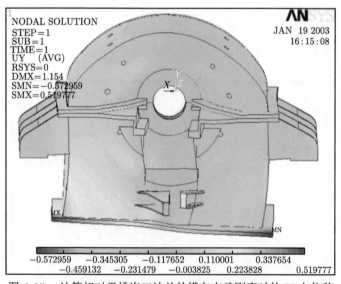

图 6-85　计算相对于排汽口法兰的横向支承刚度时的 $Y$ 向位移

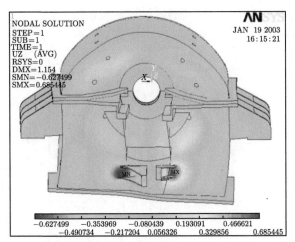

图 6-86 计算相对于排汽口法兰的横向支承刚度时的 $Z$ 向位移

# 6.4 管道计算方法

## 6.4.1 梁单元

梁单元是有限元中较为简单的单元，管单元是梁单元的特殊情况，所以在本节合并在一起讨论 [44,45]。对于梁单元中最简单的 Beam3 及 Beam4 单元，它的刚度矩阵可以认为只是材料力学中有关梁计算公式的组合，这些公式是根据梁的弯曲问题的"平面假设"(即梁在受力弯曲后，其原来的横截面仍为平面，并且绕垂直于纵对称面的某一轴旋转，而且仍垂直于梁变形后的轴线) 推导得出的。

对于梁的轴向变形：$\Delta l = \dfrac{Pl}{EA}$，$F_i = -F_j = \dfrac{EA}{l}(\Delta X_i - \Delta X_j)$；对于梁的横向变形，在悬臂梁的端部施加力 $P$ 产生的位移与转角：$\Delta_P = \dfrac{Pl^3}{3EJ}$，$\theta_P = \dfrac{Pl^2}{2EJ}$；在端部施加力矩 $M$：$\Delta_M = \dfrac{Ml^2}{2EJ}$，$\theta_M = \dfrac{Ml^2}{EJ}$，当 $P$ 与 $M$ 同时作用并使端部转角保持为 0，即 $\theta_M + \theta_P = 0$ 时，$M = \dfrac{Pl}{2}$，此时的横向位移 $\Delta Y_i = \Delta_P - \Delta_M = \dfrac{Pl^3}{3EJ} - \dfrac{Pl^3}{4EJ} = \dfrac{Pl^3}{12EJ}$。

所以：$Fy_i = \dfrac{12EJ}{l^3}\Delta y_i$，$M_i = \dfrac{6EJ}{l^2}\Delta y_i$。同样对于悬臂梁在 $P$ 与 $M$ 同时作用并使端部位移为 0，即 $\Delta_P + \Delta_M = 0$，则 $P = \dfrac{3M}{2l}$，$\theta_i = \theta_M - \theta_P =$

$\dfrac{Ml}{EJ} - \dfrac{3Ml}{4EJ} = \dfrac{Ml}{4EJ}$，所以：$M_i = \dfrac{4EJ}{l}\theta_i$，$P_i = \dfrac{6EJ}{l^2}\theta_i$，现整理成矩阵形式表示：

$$\begin{bmatrix} \dfrac{EA}{l} & 0 & 0 & -\dfrac{EA}{l} & 0 & 0 \\[2mm] 0 & \dfrac{12EJ}{l^3} & \dfrac{6EJ}{l^2} & 0 & -\dfrac{12EJ}{l^3} & \dfrac{6EJ}{l^2} \\[2mm] 0 & \dfrac{6EJ}{l^2} & \dfrac{4EJ}{l} & 0 & -\dfrac{6EJ}{l^2} & \dfrac{2EJ}{l} \\[2mm] -\dfrac{EA}{l} & 0 & 0 & \dfrac{EA}{l} & 0 & 0 \\[2mm] 0 & -\dfrac{12EJ}{l^3} & -\dfrac{6EJ}{l^2} & 0 & \dfrac{12EJ}{l^3} & -\dfrac{6EJ}{l^2} \\[2mm] 0 & \dfrac{6EJ}{l^2} & \dfrac{2EJ}{l} & 0 & -\dfrac{6EJ}{l^2} & \dfrac{4EJ}{l} \end{bmatrix} \times \begin{bmatrix} \Delta X_i \\ \Delta Y_i \\ \theta_i \\ \Delta X_j \\ \Delta Y_j \\ \theta_j \end{bmatrix} = \begin{bmatrix} Fx_i \\ Fy_i \\ M_i \\ Fx_j \\ Fy_j \\ M_j \end{bmatrix}$$

$$(6\text{-}1)$$

左边的矩阵即为有限元中最简单的平面梁的单元刚度矩阵。对于 Beam3 及 Beam4，其求解的结果与单元划分没有关系。下面以一简单例子说明：

```
/PREP7
ET,1,BEAM4
R,1,600,20000,45000,20,30, ,
RMORE, ,47749, , , , ,    !* 截面：30*20 梁
MP,EX,1,2.0E5,    $MP,PRXY,1,0.3,
K,1,,,        $K,2,500,,,
LSTR,       1,       2      !* 长度500
LATT,1,1,1, , , ,
LESIZE,1, , ,1, , , , ,1     !* 线段1为1等分，即整个线段为1个单元
LMESH,       1
FINISH
/SOL
DK,1, , , ,0,ALL, , , , , ,
FK,2,FY,-1000       !在KP2施加FY=-1000N力
FK,2,MZ,-5000       !在KP2施加MZ=-5000N力矩
SOLVE
```

求解结果是综合位移 USUM=10.573mm。

修改命令：LESIZE,1, , ,20, , , ,1。线段 1 改为 20 等分，即 20 单元，计算结果不变。其他梁单元如 Beam188、Beam189 单元，根据 Timoshenko 梁理论考虑了剪切变形效应等各种因素。

梁单元在结构与管道的计算中应用比较多,虽然有不少专门用于管道计算的程序将相应的规范固化在程序中,确实带来不少方便,但也有不足之处,如管道中有其他构件不便用管单元描述或截面为矩形的方管时,这些程序就不一定能满足要求。本节采用通用程序在管道计算方面虽然没有专用程序方便,但只要对管道设计的规范要求等有一定了解就能很好地处理各种工程问题。而在管道中经常用到的组件如波纹管,我们也可通过对相应标准进行剖析,在有限元程序中通过"模拟梁"或改变材料参数加以解决。以下以波纹管为例来具体说明。

### 6.4.2 波纹管模型

图 6-87~ 图 6-89 为波纹管的三种主要变形模式。我们观察波纹管的变形情况与梁受纯弯曲变形时的"平面假设"类似,因此可以推断二者变形必然有某种联系。对于波纹管,国内主要的标准为 GB/T 12777—2019《金属波纹管膨胀节通用技术条件》,国外为《美国膨胀节制造商协会 (EJMA) 标准》,将此二标准中的有关公式与材料力学中梁的公式进行对比,则有可能用一段"模拟梁"来替代波纹管。

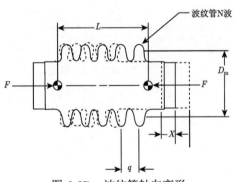

图 6-87 波纹管轴向变形

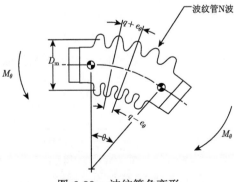

图 6-88 波纹管角变形

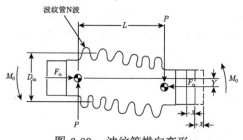

图 6-89　波纹管横向变形

### 6.4.3　圆形波纹管

GB/T 12777—2019 中的轴向变形、角变形、横向变形及扭转变形公式与梁的相应公式对比见表 6-2。

**表 6-2　U 形圆波纹管的位移公式与梁的位移公式比较**

| | 波纹管 | 梁 |
|---|---|---|
| 轴向变形 | $F = \dfrac{K}{N} \times \Delta$ | $F = \dfrac{EA}{L} \times \Delta$ |
| 角变形 | $M_\theta = \dfrac{KD_m^2}{8N} \times \theta$ | $M_\theta = \dfrac{EJ}{L} \times \theta$ |
| 横向变形 | $P = \dfrac{1.5KD_m^2}{N(L \pm \Delta L)^2} \times y$<br>由于一般 $\Delta L$ 远小于 $L$，所以<br>$P = \dfrac{1.5KD_m^2}{NL^2} \times y$<br>$M_0 = \dfrac{PL}{2}$ | $P = \dfrac{12EJ}{L^3} \times y$<br>$M_0 = \dfrac{PL}{2}$ |
| 扭转变形 | $T = \dfrac{\pi Gt D_b^3}{4L_d N} \times \varphi$ | $T = \dfrac{GJ_r}{L} \times \varphi$ |

表中：

$A$——梁的横截面积；　$E$——梁的弹性模量；　$G$——梁的剪切模量；

$J$——梁的横向弯曲惯矩；　$J_r$——梁的扭转惯矩；

$L$——波纹管长度或梁的长度，对于波纹管 $L = Nq$；

$K$——波纹管单波刚度；　$N$——波纹管波数；

$L_d$——波纹管展开长度，$L_d = 0.571q + 2h$，$q$ 为波纹管波距，$h$ 为波纹管波高；

$D_m$——波纹管平均直径，$D_m = D_b + h$，$D_b$ 为波纹管直边段内径；

$t$——波纹管壁厚，对于多层波纹管 $t = n\delta$，$n$ 为层数，$\delta$ 为每层厚度；

当 $A = \dfrac{KL}{NE}$，$J = \dfrac{KLD_m^2}{8NE} = \dfrac{AD_m^2}{8}$，$J_r = \dfrac{\pi D_b^3 tL}{4L_d N}$ 时，波纹管与梁的对应公式完全相等。因此在计算带有 U 形波纹管的管道时，只要将梁的截面积、弯曲惯

矩、扭转惯矩按上式计算，即可将波纹管按"模拟梁"来处理。

### 6.4.4　矩形波纹管

GB/T 12777—2019 中的轴向变形、角变形及横向变形各公式与梁的相应公式对比见表 6-3。

表 6-3　矩形波纹管的位移公式与梁的位移公式比较

| | 矩形波纹管 | 梁 |
|---|---|---|
| 轴向变形 | $F = \dfrac{K}{N} \times \Delta$ | $F = \dfrac{EA}{L} \times \Delta$ |
| 角变形 | $M_{\theta L} = \dfrac{K(3L_S + L_L) \times L_L^2}{12N(L_L + L_S)} \times \theta_L$ | $M_{\theta L} = \dfrac{EJ_L}{L} \times \theta_L$ |
| | $M_{\theta S} = \dfrac{K(3L_L + L_S) \times L_S^2}{12N(L_L + L_S)} \times \theta_S$ | $M_{\theta S} = \dfrac{EJ_S}{L} \times \theta_S$ |
| 横向变形 | $P_L = \dfrac{K(3L_S + L_L)L_L^2}{N(L_L + L_S)L^2} \times y_L$ | $P_L = \dfrac{12EJ_L}{L^3} \times y_L$ |
| | $P_S = \dfrac{K(3L_L + L_S)L_S^2}{N(L_L + L_S)L^2} \times y_S$ | $P_S = \dfrac{12EJ_S}{L^3} \times y_S$ |
| | $M_{0L} = \dfrac{K(3L_S + L_L)L_L^2}{2N(L_L + L_S)L} \times Y_L$ | $M_{0L} = \dfrac{P_L L}{2}$ |
| | $M_{0S} = \dfrac{K(3L_L + L_S)L_S^2}{2N(L_L + L_S)L} \times Y_S$ | $M_{0S} = \dfrac{P_S L}{2}$ |

表中：

$A$——梁的横截面积；$E$——梁的弹性模量；$J$——梁的横向弯曲惯矩；$L$——波纹管长度或梁的长度，对于波纹管 $L = Nq$，$q$ 为波纹管波距，$N$ 为波纹管波数；$K$——波纹管单波刚度；$h$——波纹管波高；$L_L$——矩形波纹管长边的平均长度，$L_L = L_{L0} + h$，$L_{L0}$ 为长边内侧长度；$L_S$ 为矩形波纹管短边的平均长度，$L_S = L_{S0} + h$，$L_{S0}$ 为短边内侧长度，如将矩形波纹管截面假设为长边为 $L_L$，短边为 $L_S$，壁厚为 $t$ 的方管，其横截面积 $A = 2(L_L + L_S)t$。与圆形波纹管一样，假设该方管轴向变形特性与方形波纹管一致。通过以上公式对应比较，矩形波纹管也可视作长边为 $L_L$、短边为 $L_S$，壁厚为 $t$，长度为 $L$ 的模拟方梁，其弹性模量为 $E = \dfrac{KL}{2(L_L + L_S)Nt}$，即可将该类波纹管按"模拟横梁"来处理。

### 6.4.5　排汽管计算

工业汽轮机排汽管道一般是指连接工业汽轮机排汽口到冷凝器管口的一段管道，本节以某工业汽轮机排汽管为例介绍管道计算的过程。工业汽轮机对于连接汽缸的管道所产生的推力有严格的限制，所以一般都要对管道在不同工况下的管口推力进行详细计算，而工业汽轮机的排汽口尺寸比较大，又是矩形管口，尽管工作温度不高但为了减小管口推力，在管道中一般布置了波纹管，由于管道是在真空条件下运行的，所以采用"弯管压力平衡型膨胀节"，如图 6-90 所示。它能在管道受压状态下 (正压或真空) 保护波纹管不受损伤，并且能在管口 A、B 之间吸收三个方向的位移。

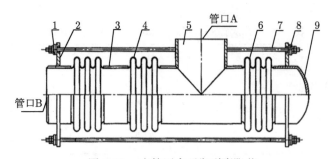

图 6-90　弯管压力平衡型膨胀节

1-端管；2-端板；3-中间管；4-工作波纹管；5-三通；6-平衡波纹管；7-拉杆；8-球面、锥面垫圈；9-封头

弯管压力平衡型膨胀节工作原理：当管口 A 相对于 B 产生上下或前后方向位移时，拉杆与端板构成平行四边形，而工作波纹管主要是产生角变形来吸收整个膨胀节的横向位移。当管口 A 相对于 B 产生纵向位移时，工作波纹管产生压缩 (或拉伸) 而平衡波纹管由于拉杆位移传递则受到拉伸 (或压缩)。若整个装置在负压 (真空) 状态下工作，则在管道二端 (如封头) 会受到相当大的"盲板力"，有时此对于直径 2120mm 的管道力可达几十吨甚至上百吨，由于有拉杆存在，此力通过后端板、拉杆传到前端板，从而保护波纹管。对拉杆必须做压杆稳定校核。在了解压力平衡型膨胀节工作原理后即可开始对工业汽轮机排汽管道进行有限元建模。

现以某机组管道为例，如图 6-91～ 图 6-93 所示。工业汽轮机排汽口垂直向下为方口，中间通过方变圆接管变为圆管。下接"弯管压力平衡型膨胀节"，由于现场位置限制，膨胀节与 $Z$ 轴方向偏 31° 斜向布置，然后再沿 $Z$ 轴方向至冷凝器管口，而在这段管道中要布置一重达 7170kg 的蝶阀。

对管道的力学模型作如下假设：

(1) 由于此管道的计算目的主要是获取在各工况下的管口力而不是分析管道各构件的应力状态，同时各工况载荷主要是由温度膨胀引起的，所以可采用梁单元与管单元计算。

(2) 方管部分采用梁单元，梁单元都有它的"单元坐标系"——这决定方管的长短边方向。方变圆接管也采用梁单元，由于管道中其他构件的刚度远远大于波纹管，相对于波纹管都可作为"刚体"，所以这一段接管如何处理对计算结果影响并不大，本例采用将方变圆分为 5 段梁单元，它们的截面惯矩通过插值计算逐步由方管的惯矩向圆管变化。

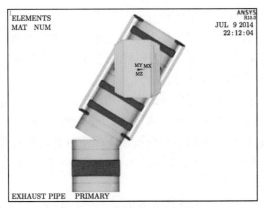

图 6-91 排汽管道布置图 1

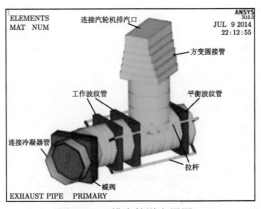

图 6-92 排汽管道布置图 2

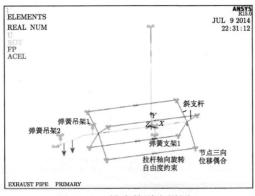

图 6-93 排汽管道布置图 3

(3) 管路圆管及拉杆都采用管单元。

(4)"弯管压力平衡型膨胀节" 采用三组波纹管的组合配置。

(5) 弹簧支吊架：管道要在适当的位置布置支吊点或约束点，这是管道计算的关键，它直接影响到管道与管口的受力。

(6) 由于计算模型与实际结构相比较有很大差异，其重量与实际管道重量会有很大差别，所以必须将模型中的各个部件与实际重量进行校核，然后在该部件的重心位置加上配重，最后检查模型总重与设计图纸的总重误差是否控制在 3% 以内。

对于此类工程管道，一般计算四种工况：初始状态、安装状态、正常工作状态及极限工作状态。

初始状态排汽管道综合位移见图 6-94，正常工作状态排汽管道 $Y$ 向位移见图 6-95。可以看到两工作波纹管以角位移为主吸收管道中 $Y$ 向的变形，而拉杆与斜支杆呈平行四边形。因正常工作状态是处于长期运行的状态，要求管道的受力及管口推力处于最佳状态。

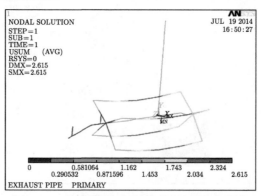

图 6-94　排汽管道 "初始状态" 计算综合位移

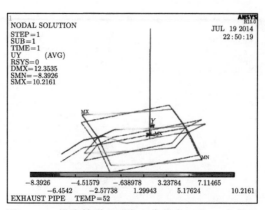

图 6-95　排汽管道 "正常工作状态" 下 $Y$ 向位移

极限工作状态是指短时间可能出现的状态，它产生的管口推力可以超过正常规范要求但不能引起设备损伤。

安装状态、工作状态、极限状态等三种工况计算结果得到的管道对工业汽轮机排汽口的推力汇总见表 6-4。

表 6-4　三种工况管道对工业汽轮机排汽口的推力与力矩

| | $F_x$/N | $F_y$/N | $F_z$/N | $M_x$/(N·m) | $M_y$/(N·m) | $M_z$/(N·m) | 校核力 | 校核力/许用力 |
|---|---|---|---|---|---|---|---|---|
| 安装状态 | 12.30 | −8160.50 | −19.37 | −5001.40 | 1.06 | −3083.50 | 14564.87 | 62.5% |
| 工作状态 | −194.06 | 464.06 | −2133.00 | −669.64 | −2367.60 | −7070.50 | 10351.66 | 44.4% |
| 极限状态 | 357.39 | 4203.10 | −3473.90 | 5186.70 | −2775.50 | −4851.20 | 13775.75 | 59.1% |

对于工业汽轮机管口的推力评定, 各企业根据机组情况具体采用不同标准, 现以 NEMA 标准 (美国全国电气制造商协会标准) 为例, 本机组管口力要求:

$$\sqrt{F_x^2 + F_y^2 + F_z^2} + 1.09\sqrt{M_x^2 + M_y^2 + M_z^2} \leqslant 23310.66$$

三种工况经此标准校核结果见表 6-4, 均满足要求。

此外, 还应对膨胀节的拉杆进行稳定性分析以避免出现工作时拉杆失稳, 图 6-96 是某电厂弯管压力平衡型膨胀节拉杆失稳照片。

图 6-96　弯管压力平衡型膨胀节拉杆失稳情况

### 6.4.6　一般管道计算

以某机组进汽管道为例 [46], 管道为两种型号, 主管道外径 323.9mm, 支管道外径 219.1mm。管道工作温度 455℃, 压力 10MPa, 布置如图 6-97 所示。

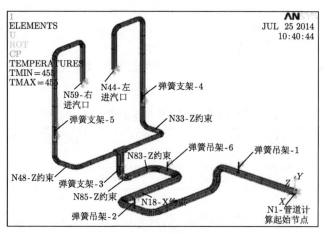

图 6-97    进汽管道布置图

进汽管道的计算过程与排汽管道一样，分初始状态、安装状态、工作状态及极限工作状态，这里不再重复。但从图 6-97 看，它的支承与约束情况比排汽管道复杂得多。须进一步说明：①一般管道在管网布置中都会有一个"死点"，即这一点位移是全约束，它也是为了防止各部分管道的膨胀及位移相互影响。②前面提到，工业汽轮机对于管道的管口推力有严格的限制，特别是进汽管道高温高压，刚度非常大又不能布置波纹管，改善管口推力的关键在于管道的走向与约束，所以此管系弯头特别多，约束也很复杂。③对于每个约束点应检查约束支架的刚度及约束状态，因为外管道的推力还是相当大的，一般来讲支架的约束刚度至少要比管道在这方向的刚度大 10 倍，否则起不了约束作用。另外，支架在某一方向起约束作用但要保证在其他方向能自由移动不能有卡死现象。

如图 6-98 和图 6-99 所示，此时可以很方便地看到管道应力的状态及最大应

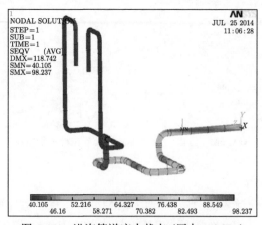

图 6-98    进汽管道应力状态 (压力 10MPa)

力的位置与大小。为比较管道压力的影响，所显示的应力不单纯是由单元二端力、力矩所产生的应力，还包括管道内压力等其他负荷所产生的应力，这使管道应力校核非常方便，管道计算还应当注意它的"几何非线性"等特性的影响。

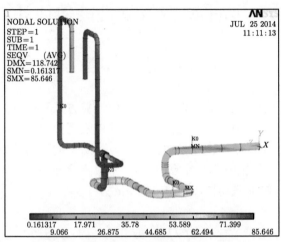

图 6-99 进汽管道应力状态 (压力 0MPa)

# 第 7 章　透平机械气动性能数值计算方法

## 7.1　引　　言

计算流体动力学是在经典流体力学、数值计算方法和计算机技术的基础上建立起来的。它研究流体力学诸方程的数值解法以及用数值方法模拟真实流体的流动现象，可以在非常广泛的流动参数范围内，对所有的流场参数进行细致和定量的分析 [47]，在透平机械中有重要应用 [48]。本章主要介绍了流体动力学数值计算方法以及轴流排汽缸的气动性能计算和优化改型。

## 7.2　流体动力学数值计算方法介绍

### 7.2.1　网格生成技术

网格生成在数值计算中占有重要地位，网格生成质量是决定数值计算是否准确的重要因素。网格生成就是对计算域进行空间划分，划分成一个个确定的小块，并对每一个小块进行编号，便于后续计算储存信息。

目前的网格类型主要有：结构化网格、非结构化网格、结构化/非结构化混合网格。

结构化网格是指网格单元的节点之间具有固定的连接方式，节点顺序固定，因此其数据的管理和存取要相对简单一些。随着几何模型的复杂化以及计算机技术的发展，结构化网格已经由矩形网格逐渐向贴体坐标网格转换，并由单块网格向多块网格发展。

非结构化网格多应用于处理复杂边界。非结构网格节点的连接方式没有固定规则，甚至每个节点周围相邻节点数也不相同，表现出一种无规则、无固定结构的特点。非结构网格的生成相对来说比较灵活，能对任何复杂的流体区域进行网格划分。但是它同样面临着边界处网格质量的问题，而且守恒性差。非结构化网格生成的主要方法是 Delaunary 方法和前沿推进法 (advancing front method) 等。

混合网格是指将结构化网格和非结构化网格混合使用的一种网格生成方法，在边界处采用结构化网格而在远离边界层的区域采用非结构化网格，来提高网格质量，提高计算的准确性。

### 7.2.2 计算流体动力学理论简介

对于均匀各向同性的牛顿流体，其控制方程满足质量守恒、动量守恒和能量守恒。透平机械内部流动是一种三维的、可压缩的、有亚声速、跨声速的复杂流动[49,50]。

#### 7.2.2.1 控制方程简介

(1) 连续方程

$$\frac{\partial(\rho)}{\partial t} + \frac{\partial(\rho u)}{\partial x} + \frac{\partial(\rho v)}{\partial y} + \frac{\partial(\rho w)}{\partial z} = 0 \tag{7-1}$$

(2) 动量方程

$$\frac{\partial(\rho u)}{\partial t} + \mathrm{div}(\rho u U) = -\frac{\partial p}{\partial x} + \frac{\partial \tau_{xx}}{\partial x} + \frac{\partial \tau_{yx}}{\partial y} + \frac{\partial \tau_{zx}}{\partial z} + F_x$$

$$\frac{\partial(\rho v)}{\partial t} + \mathrm{div}(\rho v U) = -\frac{\partial p}{\partial y} + \frac{\partial \tau_{xy}}{\partial x} + \frac{\partial \tau_{yy}}{\partial y} + \frac{\partial \tau_{zy}}{\partial z} + F_y \tag{7-2}$$

$$\frac{\partial(\rho w)}{\partial t} + \mathrm{div}(\rho w U) = -\frac{\partial p}{\partial z} + \frac{\partial \tau_{xz}}{\partial x} + \frac{\partial \tau_{yz}}{\partial y} + \frac{\partial \tau_{zz}}{\partial z} + F_z$$

对于切应力 $\tau$

$$\begin{pmatrix} \tau_{xx} & \tau_{xy} & \tau_{xz} \\ \tau_{yx} & \tau_{yy} & \tau_{yz} \\ \tau_{zx} & \tau_{zy} & \tau_{zz} \end{pmatrix} =$$

$$\begin{pmatrix} 2\mu\frac{\partial u}{\partial x} + \lambda\,\mathrm{div}(U) & \mu\left(\frac{\partial v}{\partial x} + \frac{\partial u}{\partial y}\right) & \mu\left(\frac{\partial w}{\partial x} + \frac{\partial u}{\partial z}\right) \\ \mu\left(\frac{\partial u}{\partial y} + \frac{\partial v}{\partial x}\right) & 2\mu\frac{\partial v}{\partial y} + \lambda\,\mathrm{div}(U) & \mu\left(\frac{\partial w}{\partial y} + \frac{\partial v}{\partial z}\right) \\ \mu\left(\frac{\partial u}{\partial z} + \frac{\partial w}{\partial x}\right) & \mu\left(\frac{\partial v}{\partial z} + \frac{\partial w}{\partial y}\right) & 2\mu\frac{\partial w}{\partial z} + \lambda\,\mathrm{div}(U) \end{pmatrix} \tag{7-3}$$

式中，$\mu$ 为动力黏度；$\lambda$ 为第二黏度，通常取 $\lambda = 2/3$。

将式 (7-3) 代入式 (7-2) 可得到如下形式的 N-S 方程：

$$\frac{\partial(\rho u)}{\partial t} + \mathrm{div}(\rho u U) = \mathrm{div}(\mu\,\mathrm{grad}u) - \frac{\partial p}{\partial x} + S_u$$

$$\frac{\partial(\rho v)}{\partial t} + \mathrm{div}(\rho v U) = \mathrm{div}(\mu\,\mathrm{grad}v) - \frac{\partial p}{\partial y} + S_v \tag{7-4}$$

$$\frac{\partial(\rho w)}{\partial t} + \mathrm{div}(\rho w U) = \mathrm{div}(\mu\,\mathrm{grad}w) - \frac{\partial p}{\partial z} + S_w$$

其中，$S_u = F_x + s_x$，$S_v = F_y + s_y$，$S_w = F_w + s_w$，称为广义源项。

(3) 能量方程

$$\frac{\partial(\rho T)}{\partial t} + \mathrm{div}(\rho T U) = \mathrm{div}\left(\frac{k}{c_p}\mathrm{grad}T\right) - \frac{\partial p}{\partial x} + S_T \tag{7-5}$$

除了上述连续方程、质量、动量方程以外，还有工质的状态方程 $p = p(\rho, T)$。

### 7.2.2.2　湍流数值模拟方法

透平机械内部流动，存在复杂的涡系，为湍流流动。湍流流动是一种复杂的非定常且带有旋转的三维不规则流动。湍流的各种流动参数在空间和时间上都会表现出差异。湍流可以看成是不同尺度、大小和方向都随机分布的涡的叠加。虽然湍流流动极其复杂，但通常认为它满足瞬态的 N-S 方程。

湍流的数值模拟从广义上来说，包括直接数值模拟 (DNS) 和非直接数值模拟两大类。直接数值模拟是求解瞬时的湍流控制方程。由于湍流结构的复杂性和多尺度，必须采用很小的空间步长和时间步长，直接数值模拟需要强大的计算机资源，目前只在科学研究上应用，工程上应用不多。非直接数值模拟不直接计算湍流的脉动特性，而是对湍流的脉动特性做近似和简化处理。根据不同的近似和简化处理方法，非直接数值模拟又可以分为：雷诺时均、大涡模拟、分离涡模拟等，由于雷诺时均方法计算时间经济，预报准确度尚可，在工程上广泛应用，本节也采用雷诺平均法。

湍流中的任意流动参数 $\phi$ 的瞬时量可以用时间的平均量 $\overline{\phi}$ 和脉动值 $\phi'$ 之和来表示：

$$\phi = \overline{\phi} + \phi' \tag{7-6}$$

用平均值与脉动值之和来代替 N-S 方程中的物理量，简化后得到时间平均的 N-S 方程：

$$\frac{\partial \rho U_j}{\partial x_j} = 0 \tag{7-7}$$

$$\frac{\partial(\rho U_i)}{\partial t} + \frac{\partial(\rho U_i U_j)}{\partial x_j} = -\frac{\partial P}{\partial x_i} + \frac{\partial}{\partial x_j}\left(\mu\frac{\partial U_i}{\partial x_j}\right) + \frac{\partial \tau_{ij}}{\partial x_j} - Q \tag{7-8}$$

式中，附加应力可记为 $\tau_{ij} = -\rho\overline{u_i'u_j'}$，称为 Reynolds(雷诺) 应力。透平机械中计算域含有旋转运动（如工业汽轮机动叶通道），动域采用旋转坐标系下的 N-S 方程。旋转坐标系下的 N-S 方程将惯性坐标系下的绝对速度 $U$ 分解为相对速度 $U'$ 和 $r \times \omega$ 的和。得到旋转坐标系下的 N-S 方程：

$$\frac{\partial(\rho U_i')}{\partial t} + \frac{\partial(\rho U_i' U_j')}{\partial x_j} = -\frac{\partial P}{\partial x_i} + \frac{\partial}{\partial x_j}\left(\mu\frac{\partial U_i'}{\partial x_j}\right) + \frac{\partial \tau_{ij}}{\partial x_j} - Q \tag{7-9}$$

其中 $Q$ 为源项, 由科氏力 $(2\boldsymbol{\omega} \times \boldsymbol{U})$ 和离心力 $(\boldsymbol{\omega} \times (\boldsymbol{\omega} \times \boldsymbol{r}))$ 组成。

时间平均后产生了未知量 Reynolds 应力, 导致 N-S 方程不封闭。为了使方程封闭, 需要对 Reynolds 应力做假设和近似处理, 处理方法不同形成了不同的湍流模型 (图 7-1)。

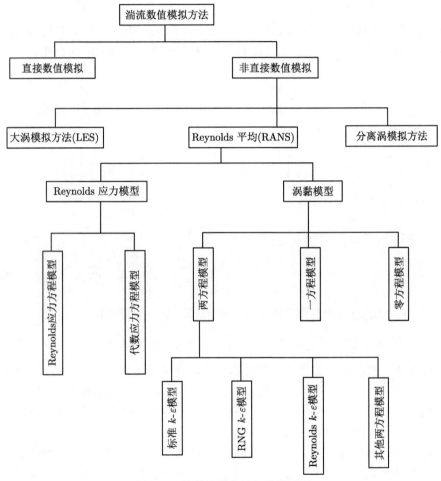

图 7-1　数值计算方法与湍流模型

### 7.2.2.3　标准 $k$-$\varepsilon$ 两方程模型

标准 $k$-$\varepsilon$ 模型由 Launder 和 Spalding 提出, 用湍流黏性系数的函数来表示雷诺应力。根据 Boussinesq 假设, 湍流的黏性系数 $\mu$ 用湍动能 $k$ 和湍流能量耗散率 $\varepsilon$ 来表示。其中湍动能 $k$ 的输运方程是一个精确方程, 而耗散率 $\varepsilon$ 的输运方程是由数学物理公式推导得出的。该模型假定流动是充分发展的湍流, 分子黏性的影响可以大致忽略，因此该方程只适合于充分发展的湍流，虽然方程中有根据经验总结出来的经验系数，但是由于计算比较准确且相对计算量小，因此在工程上广泛应用。

雷诺应力的涡黏性模型为

$$\tau_{tij} = -\rho \bar{u} u_j = 2\mu_t (S_{ij} - S_{nn}\delta_{ij}/3) - 2\rho k \delta_{ij}/3 \tag{7-10}$$

式中，$\rho$ 为流体密度；$\mu_t$ 为涡黏性系数；$S_{ij}$ 为平均速度的应变率张量；$k$ 表示湍动能；$\delta_{ij}$ 为克罗内克算子。由湍动能 $k$ 和湍流耗散率 $\varepsilon$ 表示的涡黏性为

$$\mu_t = C_\mu f_\mu \rho k^2 / \varepsilon \tag{7-11}$$

式中，$C_\mu$ 是无量纲的模型常数，在 $k$-$\varepsilon$ 模型中，假定 $\mu_t$ 是各向同性的。

湍动能 $k$ 的输运方程：

$$\frac{\partial}{\partial t}(\rho k) + \frac{\partial}{\partial x_j}(\rho k u_j) = \frac{\partial}{\partial x_j}\left[\left(\mu + \frac{\mu_t}{\sigma_k}\right)\frac{\partial k}{\partial x_j}\right] + \mu_t \frac{\partial u_i}{\partial x_j}\left(\frac{\partial u_i}{\partial x_j} + \frac{\partial u_j}{\partial x_i}\right) - \rho\varepsilon \tag{7-12}$$

能量耗散 $\varepsilon$ 的输运方程：

$$\begin{aligned}
\frac{\partial}{\partial t}(\rho\varepsilon) + \frac{\partial}{\partial x_j}(\rho u_j \varepsilon) = &\frac{\partial}{\partial x_j}\left[\left(\mu + \frac{\mu_t}{\sigma_\varepsilon}\right)\frac{\partial \varepsilon}{\partial x_j}\right] \\
&+ \frac{c_1\varepsilon}{k}\mu_t \frac{\partial u_i}{\partial x_j}\left(\frac{\partial u_i}{\partial x_j} + \frac{\partial u_j}{\partial x_i}\right) - C_2\rho\frac{\varepsilon^2}{k}
\end{aligned} \tag{7-13}$$

其中 $\sigma_k, \sigma_\varepsilon$ 和湍动能的普朗特数、常数和经验系数一般推荐值为

$$C_\mu = 0.09, \quad C_{\varepsilon_1} = 1.44, \quad C_{\varepsilon_2} = 1.92, \quad \sigma_k = 1.0, \quad \sigma_\varepsilon = 1.3$$

标准 $k$-$\varepsilon$ 模型使用的大多是半经验公式，计算量比较少，许多类型的流动都适用，且能满足工程上计算精度的需要，所以，标准 $k$-$\varepsilon$ 湍流模型工程上最为常用。但是由于是基于涡黏性系数 $\mu_t$ 各向同性的假设，即认为用于湍流脉动引起的耗散在任意方向都相同，这与实际中的很多流动不符。

标准 $k$-$\varepsilon$ 模型属于高雷诺数湍流模型，适用于远离壁面充分发展的湍流。而在壁面的黏性底层，由于雷诺数低，不能够忽略分子黏性的影响。这时需要对壁面区域进行特殊处理，处理的方法有两种：一个是壁面函数法。即在远离壁面的湍流核心区域采用 $k$-$\varepsilon$ 模型求解，在壁面区不进行求解，直接应用半经验公式将近壁区的物理量与湍流核心区域的求解变量联系起来。由于不需要对壁面区内的流动进行求解，所以近壁面网格不需要加密。在 CFX 中，推荐 $y^+ > 11.7$，计算结果容易收敛且满足工程上的需要。第二种方法是通过修改 $k$、$\varepsilon$ 方程，使其能够应用在壁面附近低雷诺数的黏性底层。修改后的 $k$-$\varepsilon$ 模型称为低雷诺数 $k$-$\varepsilon$ 模型，将在后文介绍。

#### 7.2.2.4 RNG $k$-$\varepsilon$ 两方程模型

RNG $k$-$\varepsilon$ 湍流模型是由 Yakhot 和 Orzag 提出的。RNG 是英文 "renormalization group" 的缩写。其特点是: 通过在大尺度的运动项和修正后的黏性项中体现小尺度的影响, 可以更好地处理高应变率以及流线弯曲程度大的流动。系数的理论关系式为

$$C_{1\text{RNG}} = 1.42 - f_n \tag{7-14}$$

$$f_n = \frac{\eta \left( 1 - \dfrac{\eta}{\eta_0} \right)}{1 + \beta_{\text{RNG}} \eta^3} \tag{7-15}$$

$$\eta = \frac{Sk}{\varepsilon} \tag{7-16}$$

$$S = (2 S_{i,j} S_{i,j})^{1/2} \tag{7-17}$$

$$S_{i,j} = \frac{1}{2} \left( \frac{\partial u_i}{\partial x_j} + \frac{\partial u_j}{\partial x_i} \right) \tag{7-18}$$

上式中 $\eta_0$、$\beta_{\text{RNG}}$ 是模型系数, $S_{i,j}$ 为时均的应变率。CFX 中 RNG $k$-$\varepsilon$ 系数取值为

$$C_{\mu\text{RNG}} = 0.085, \quad C_{2\text{RNG}} = 1.68, \quad C_{k\text{RNG}} = 0.7179$$

$$\sigma_{\varepsilon\text{RNG}} = 0.7179, \quad \eta_0 = 4.38, \quad \beta_{\text{RNG}} = 0.015$$

RNG $k$-$\varepsilon$ 湍流模型属于高雷诺数湍流模型, 对湍流核心区充分发展的湍流有效, 对于近壁区的流动与标准 $k$-$\varepsilon$ 模型一样, 采用壁面函数法来求解。

#### 7.2.2.5 低雷诺数 $k$-$\varepsilon$ 两方程模型

壁面函数法的表达式是根据简单的平行流动的边界层实测资料总结而来的, 该模型在黏性底层内分子力的作用没有有效的计算。低雷诺数 $k$-$\varepsilon$ 模型在高雷诺数 $k$-$\varepsilon$ 模型的基础上做了以下修改: ①考虑分子黏性力的影响, 控制方程的扩散系数必须有湍流扩散系数和分子扩散系数两部分; ②控制方程要有考虑不同流动状态的系数, 即在系数计算式中引入湍流雷诺数 $Re_t$; ③在 $k$ 方程中考虑壁面附近湍动能耗散的各向异性特性。

Jones 和 Launder 提出的低雷诺数 $k$-$\varepsilon$ 模型的涡黏性系数计算公式为

$$\mu_t = c_\mu |f_\mu| \rho \frac{k^2}{\varepsilon} \tag{7-19}$$

湍动能 $k$ 和能量耗散率 $\varepsilon$ 方程分别为

$$\frac{\partial(\rho u k)}{\partial x} + \frac{\partial(\rho v k)}{\partial y} = \frac{\partial}{\partial x}\left[\left(\mu + \frac{\mu_t}{\sigma_k}\right)\frac{\partial k}{\partial x}\right] + \frac{\partial}{\partial y}\left[\left(\mu + \frac{\mu_t}{\sigma_k}\right)\frac{\partial k}{\partial y}\right]$$
$$+ \mu_t G - \rho\varepsilon - \left|2\mu\left(\frac{\partial k^{1/2}}{\partial y}\right)^2\right| \tag{7-20}$$

$$\frac{\partial(\rho u\varepsilon)}{\partial x} + \frac{\partial(\rho v\varepsilon)}{\partial y} = \frac{\partial}{\partial x}\left[\left(\mu + \frac{\mu_t}{\sigma_z}\right)\frac{\partial\varepsilon}{\partial x}\right] + \frac{\partial}{\partial y}\left[\left(\mu + \frac{\mu_t}{\sigma_z}\right)\frac{\partial\varepsilon}{\partial y}\right]$$
$$+ \frac{k}{\varepsilon}c_1|f_1|\mu_t G - c_2\rho\frac{\varepsilon^2}{k}|f_2| + \left|2\frac{\mu\mu_t}{\rho}\left(\frac{\partial^2}{\partial y^2}\right)^2\right| \tag{7-21}$$

式中，$f_\mu$ 和 $f_2$ 的计算式为

$$f_\mu = \exp\left(-2.5/\left(1 + Re_t/50\right)\right)$$
$$f_2 = 1.0 - 0.3\exp\left(-Re_t{}^2\right)$$
$$Re_t = \rho k^2/(\varepsilon\mu)$$

在 Jones-Launder 模型中，$f_1$ 取为 1，$c_\mu$、$c_1$、$c_2$、$\sigma_k$ 和 $\sigma_\varepsilon$ 分别取为 0.09、1.44、1.92、1.0 和 1.3。

在使用低雷诺数 $k$-$\varepsilon$ 模型计算流场时，在整个计算域中，包括近壁区黏性底层和充分发展的湍流核心区均采用相同的控制方程进行求解。由于近壁区的速度梯度很大，需要对壁面网格进行加密。

### 7.2.2.6　湿蒸汽的流动 [51]

工业汽轮机低压级和排汽缸中的水蒸气已处于湿蒸汽状态。水蒸气的气体状态方程描述了气体的压力、比容和温度之间的关系，其真实状态比较复杂。水蒸气的参数是用试验和分析的方法求得的，具体可查找水蒸气物性表。

排汽缸内的湿蒸汽随着流场中压力、温度的变化，湿蒸汽的干度、液滴质量分数也都在变化。因此，需要把它们纳入辅助的控制方程中，在控制方程中联合求解。在本节中，湿蒸汽的计算选用平衡相变模型。此模型假设汽态的蒸汽和液态的水处于局部平衡状态，也就是说两种状态的物质具有相同的局部温度且相变发生很快，这样各物质的质量含量可由相变图或表格直接得到。

排汽缸内湿蒸汽可以用液滴的质量分数、液滴密度、湿蒸汽干度等方式描述，并建立它们的输运方程。液滴质量分数 $\beta$ 的输运方程为

$$\frac{\partial\rho\beta}{\partial t} + \text{div}(\rho\boldsymbol{v}\beta) = \Gamma \tag{7-22}$$

式中，$\Gamma$ 是蒸发或者冷凝的质量生成率，单位为 $\mathrm{kg/(m^3 \cdot s)}$。

经过一系列假设后，凝结相变的过程方程可以表示为

$$\frac{\partial \boldsymbol{r}}{\partial t} = \frac{P}{h_{\mathrm{lv}}\rho_1\sqrt{2\pi RT}}\frac{\gamma+1}{2\gamma}C_P(T_0-T) \tag{7-23}$$

式中，$T_0$ 为液滴的温度；$\gamma$ 是比热比；$T$ 为湿蒸汽的温度；$h_{\mathrm{lv}}$ 是液滴转化为蒸汽的焓变。

液滴密度的 $\eta$ 的输运方程为

$$\frac{\partial \rho\eta}{\partial t} + \nabla \cdot (\rho\boldsymbol{v}\eta) = \rho I \tag{7-24}$$

式中，$I$ 为凝结率 (液滴数目 $\mathrm{m^3/s}$)。

湿蒸汽的计算将选用平衡相变模型，干度与液滴的质量分数关系为

$$X = 1 - \beta$$

式中，$X$ 为干度；$\beta$ 是液体的质量分数。在 CFX 中选用 IAPWS -IF97 水蒸气模型。

### 7.2.2.7 控制方程离散

空间离散方法是一种用离散的数值解取代包含在微分方程中连续信息的解析解的近似求解方法。常用的离散方法包括有限差分法、有限元法、有限体积法。本节采用商业软件 CFX 进行计算，CFX 对于控制方程的离散是基于有限元的有限体积法，这种离散控制方程的方法，比传统的有限体积法的积分节点数要多，既具备了有限体积法的守恒性，还具有有限元法的数值精确性和对不规则区域的适应性。

对每个网格单元建立控制体积，并对每个控制体积运用 Gauss 散度定理，便得到积分形式的控制方程：

$$\frac{\mathrm{d}}{\mathrm{d}t}\int_V \rho\mathrm{d}V + \int_S \rho u_j\mathrm{d}n_j = 0 \tag{7-25}$$

$$\frac{\mathrm{d}}{\mathrm{d}t}\int_V \rho u_i\mathrm{d}V + \int_S \rho u_j u_i\mathrm{d}n_j = -\int_S p\mathrm{d}n_j + \int_S \mu_{\mathrm{eff}}\left(\frac{\partial u_i}{\partial x_j} + \frac{\partial u_j}{\partial x_i}\right)\mathrm{d}n_j$$
$$+ \int_V Su_i\mathrm{d}V \tag{7-26}$$

$$\frac{\mathrm{d}}{\mathrm{d}t}\int_V \rho\phi\mathrm{d}V + \int_S \rho u_j\phi\mathrm{d}n_j = \int_S \Gamma_{\mathrm{eff}}\frac{\partial\phi}{\partial x_j}\mathrm{d}n_j + \int_V S_\varphi\mathrm{d}V \tag{7-27}$$

式中，$V$ 表示控制体的体积；$S$ 表示控制体的面积。

计算域中的变量信息 (速度、压力、温度等) 都是以网格节点的形式存储的。对控制方程中的变量进行离散，就需要将不同网格节点上的信息联系到一起。CFX 采用有限元中的方法，用变形函数将计算域中不同网格节点的信息联系到一起。

$$\phi = \sum_{i=1}^{N_{\mathrm{node}}} N_i\phi_i \tag{7-28}$$

式中，$N_i$ 为网格节点上的形函数；$\phi_i$ 是网格节点 $i$ 上的变量。形函数 $N_i$ 要满足下面的关系式：

$$\sum_{i=1}^{N_{\mathrm{node}}} N_i = 1 \tag{7-29}$$

对于网格节点 $j$ 则有

$$N_i = \begin{cases} 1, & i=j \\ 0, & i\neq j \end{cases} \tag{7-30}$$

CFX 中对控制方程扩散项的离散一般采用中心差分，中心差分形式为

$$\phi_{\mathrm{ip}} = \sum_n N_n\phi_n \tag{7-31}$$

式中，$\phi_{\mathrm{ip}}$ 是网格节点 ip 处的变量；$N_n$ 是与 ip 相邻的网格节点的形函数；$\phi_n$ 是与 ip 相邻的网格节点的变量。中心差分具有二阶精度。

采用中心差分进行离散，无法考虑流动方向的影响。所以中心差分格式在对流项的离散方面有欠缺，在 CFX 中，对流项的离散主要采用迎风格式

$$\phi_{\mathrm{ip}} = \phi_{\mathrm{up}} + \beta\nabla\phi\cdot\Delta\boldsymbol{r} \tag{7-32}$$

式中，网格节点 up 是节点 ip 上游的节点。$\boldsymbol{r}$ 是节点 up 到节点 ip 的矢量。$\beta\nabla\phi\cdot\Delta\boldsymbol{r}$ 是对流项的修正系数。$\beta$ 是取值范围从 0 到 1 的混合因子。当 $\beta=0$ 时，差分格式是一阶精度；当 $\beta=1$ 时，差分格式是二阶精度的。计算所采用的是 CFX 软件中的高精度迎风格式（high resolution scheme），这种格式 $\beta$ 的取值不是确定的值，它可以根据当地的流动特点自动取值。在参数变化梯度大的地方采用低精度保证计算收敛，在参数变化梯度小的地方采用高阶精度。这样可以兼顾计算的经济性和准确性，充分利用计算机资源。

## 7.3 轴流排汽缸气动性能数值计算

### 7.3.1 轴流排汽缸几何模型介绍

轴流排汽缸主要特点之一是后轴承位于排汽缸内部，并由多根加强筋及两块肋板将轴承的受力传递到排汽缸内壁，排汽缸中部有通润滑油管道，轴承、加强筋、肋板、通油管道的存在对排汽缸的性能有重要的影响。轴流排汽缸内部流动如图 7-2 所示：水蒸气从末级动叶流出，沿轴向进入排汽缸，先进入扩压器一段，水蒸气速度降低，压力升高，水蒸气的余速动能转化为压力能。经过一个平稳段之后再进入扩压二段，扩压二段轴向距离较短，且扩压二段的出口位于轴承座的后方，流通面积急剧增大，在轴承座后方将形成巨大的漩涡[52]。

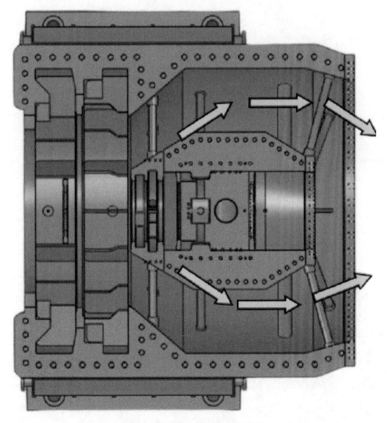

图 7-2 轴流排汽缸俯视图

带低压级组的排汽缸三维模型如图 7-3 所示，低压级组包括末级和次末级两级，低压级组的叶片数目如表 7-1 所示。

表 7-1　　低压级组叶片数目

|  | 次末级静叶 | 次末级动叶 | 末级静叶 | 末级动叶 |
|---|---|---|---|---|
| 叶片数 | 48 | 58 | 42 | 48 |

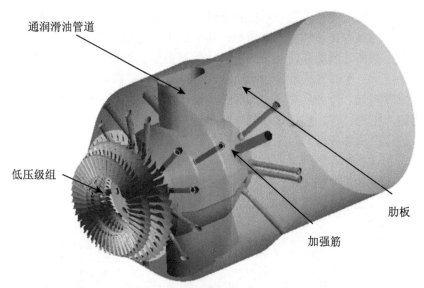

图 7-3　轴流排汽缸三维模型

## 7.3.2　轴流排汽缸网格划分及计算方法

图 7-4 是数值计算所应用的网格。图 7-4 (a) 为叶栅通道的网格，网格是六面体结构化单通道网格，将单通道网格通过周期性原则组合为全通道，末级、次末级叶片全通道整圈的网格节点数约为 600 万。图 7-4 (b) 为排汽缸的网格，采

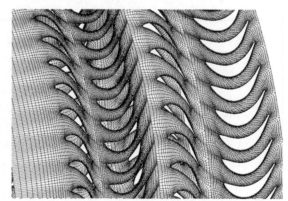

(a) 低压级组叶片网格

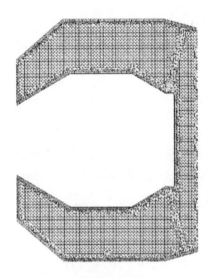

(b) 轴流排汽缸网格

(c) 低压级组与排汽缸组合体网格

图 7-4 计算域网格

用 ICEM 生成，为四面体非结构化网格，网格节点数约为 92 万。本节中应用标准 $k$-$\varepsilon$ 两方程模型进行计算，为了保证 $y^+$ 在 11.7~100，对排汽缸壁面进行加密，采用三棱柱网格如图 7-4（b）所示。排汽缸出口段按照出口截面形状延长 $L$(排汽缸轴向长度)，延长段采用六面体结构化网格。整个计算域网格节点数约为 725 万[53,54]。

计算工质选用 IAPWS-97 里面的 Steam3Vl 湿蒸汽模型。本章计算的轴流排汽缸应用于中小型电站汽轮机，动叶转速固定为 3600r/min，动静交界面采用 Frozen-Rotor 法。

### 7.3.3　排汽缸气动性能参数

排汽缸位于末级动叶出口处，作用是把末级动叶出口处水蒸气的余速动能转化为压力能，尽可能地降低损失，同时将水蒸气导流到凝汽器中。在工程中常用静压恢复系数 $\eta_s$、总压损失系数 $\zeta_t$ 和出口不均匀系数 $x_v$ 来衡量排汽缸的气动性能。

定义静压恢复系数：

$$\eta_s = \frac{\overline{p}_{\text{out}} - \overline{p}_{\text{in}}}{\overline{p}_{\text{t,in}} - \overline{p}_{\text{in}}} \qquad (7\text{-}33)$$

总压损失系数：

$$\zeta_t = \frac{\overline{p}_{\text{t,in}} - \overline{p}_{\text{t,out}}}{\overline{p}_{\text{t,in}} - \overline{p}_{\text{in}}} \qquad (7\text{-}34)$$

式 (7-33)、(7-34) 中，$\overline{p}_{\text{out}}$ 和 $\overline{p}_{\text{in}}$ 分别表示排汽缸出口和进口的平均静压，$\overline{p}_{\text{t,out}}$ 和 $\overline{p}_{\text{t,in}}$ 分别表示出口和进口处平均总压。静压恢复系数大，则说明更多的余速动能转化为压力能，排汽缸的气动性能好。总压损失系数小，则说明总压损失小，排汽缸气动性能好。

出口不均匀系数：

$$x_v = \frac{C_m}{C_a} \qquad (7\text{-}35)$$

式中，$C_m$ 是排汽缸出口截面的质量平均速度；$C_a$ 是相同质量流量下，假设出口截面上的速度均匀，即面平均的速度。

### 7.3.4　轴流排汽缸计算结果与流场分析

为了研究轴流排汽缸的气动特性，分别对低压级组、排汽缸、低压级组联合排汽缸进行数值计算 (表 7-2)。低压级组单独计算时，进口给定流量、静温、干度，出口给定静压；均匀进口排汽缸单独计算时，给定进口流量、干度、静温，出口给定静压；给定速度分布排汽缸单独计算时，进口给定流量分布、干度、静温，出口给定静压；低压级组排汽缸联合计算时，进口给定流量、干度、静温，出口给定静压。

表 7-2 不同计算条件下排汽缸气动性能计算结果

| 计算条件 | 低压级组单独计算 | 均匀进口排汽缸单独计算 | 给定速度分布排汽缸单独计算 | 低压级组排汽缸联合计算 |
|---|---|---|---|---|
| 低压级组进口流量/(kg/s) | 50 | — | — | 50 |
| 低压级组进口干度 | 0.96 | — | — | 0.96 |
| 排汽缸进口流量/(kg/s) | — | 50 | 50 | — |
| 排汽缸进口干度 | — | 0.8792 | 0.8792 | — |
| 末级动叶出口压力/Pa | 7704.68 | — | — | — |
| 排汽缸出口压力/Pa | — | 9000 | 9000 | 9000 |
| 静压恢复系数 | — | −0.9742 | 0.1513 | 0.3891 |
| 总压损失系数 | — | 1.6370 | 0.6935 | 0.4229 |
| 静压损失系数相对误差 | — | 350.37% | 61.12% | 0 |
| 总压损失系数相对误差 | — | −287.09% | −63.99% | 0 |

## 7.3.5 低压级组排汽缸联合计算对排汽缸进口的影响

图 7-5 是单独计算低压级组和低压级组排汽缸联合计算的末级动叶出口（排汽缸进口）处的压力云图和马赫数云图。由压力云图可以看出，单独计算低压级组时，末级动叶出口总体上是叶根处压力高于叶顶处的压力；联合计算时，叶顶处压力高于叶根处的压力。由马赫数云图可以看出，低压级组单独计算与联合计算相似，叶根处的马赫数小，叶顶处的马赫数大。而且在叶顶处出现超声速。单独计算低压级组时，末级动叶出口参数比较均匀，不同动叶流道流动参数变化相似。但是由于末级静叶、动叶叶片数分别为 42、48，都近似为 7 的倍数，所以末级动叶出口压力和马赫数沿圆周分布有七个周期的小波动，但总体比较均匀。联合计算时，叶顶处的压力高于叶根处的压力。由于低压级组与排汽缸相互作用，出口马赫数分布和压力分布很不均匀。

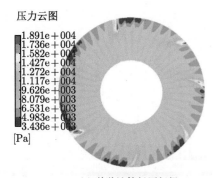

压力云图

1.891e+004
1.736e+004
1.582e+004
1.427e+004
1.272e+004
1.117e+004
9.626e+003
8.079e+003
6.531e+003
4.983e+003
3.436e+003
[Pa]

(a) 单独计算低压级组
末级动叶出口压力分布

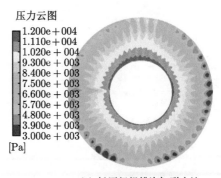

压力云图

1.200e+004
1.110e+004
1.020e+004
9.300e+003
8.400e+003
7.500e+003
6.600e+003
5.700e+003
4.800e+003
3.900e+003
3.000e+003
[Pa]

(b) 低压级组排汽缸联合计
算末级动叶出口压力分布

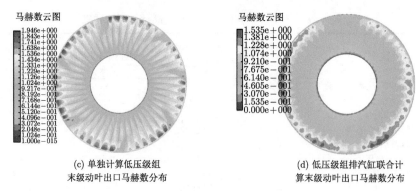

(c) 单独计算低压级组
末级动叶出口马赫数分布

(d) 低压级组排汽缸联合计
算末级动叶出口马赫数分布

图 7-5　轴流排汽缸进口参数

　　图 7-6 是低压级组中叶片位置示意图。叶片在圆周方向的角度就表示了叶片的位置。图 7-7 和图 7-8 分别给出了低压级组与排汽缸联合计算时次末级和末级每只叶片的扭矩和每个叶片通道的流量。

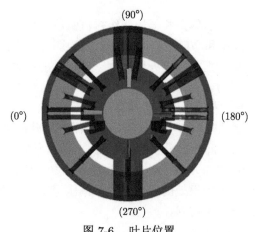

图 7-6　叶片位置

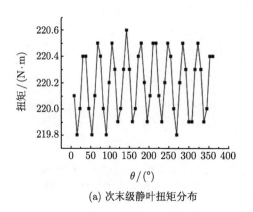

(a) 次末级静叶扭矩分布

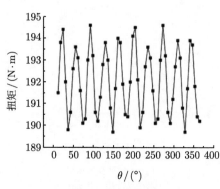

(b) 次末级动叶扭矩分布

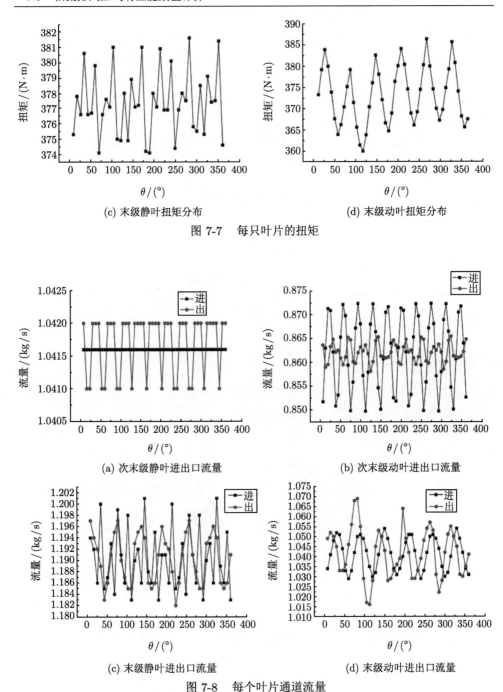

(c) 末级静叶扭矩分布

(d) 末级动叶扭矩分布

图 7-7　每只叶片的扭矩

(a) 次末级静叶进出口流量

(b) 次末级动叶进出口流量

(c) 末级静叶进出口流量

(d) 末级动叶进出口流量

图 7-8　每个叶片通道流量

由图 7-7 和图 7-8 可以看出，联合计算时低压级组叶片扭矩、每个叶片流道进出口流量不均匀，呈现出一定的波动。叶片扭矩变化随着距离排汽缸的距离的减小而增大，次末级静叶扭矩变化最小，末级动叶扭矩变化最大，这是由末级动叶出口连接排汽缸，低压级组与排汽缸相互作用造成的。汽流在末级动叶出口呈现很大的不均匀性，每只叶片进出口流量的变化与叶片扭矩的变化相似，随着距离排汽缸位置的减小变化剧烈。同样，由于排汽缸的影响，每个叶片通道流量的变化也随着距离排汽缸位置的减小而增大。

表 7-3 和表 7-4 给出了叶片扭矩最大变化和叶片通道出口最大流量变化，末级动叶的扭矩变化最大，末级动叶出口流量变化也是最大。

**表 7-3　叶片最大扭矩相对变化**

|  | 次末级静叶 | 次末级动叶 | 末级静叶 | 末级动叶 |
|---|---|---|---|---|
| 最大扭矩相对变化/% | 0.36 | 2.55 | 2.74 | 7.08 |

**表 7-4　叶片通道最大流量相对变化**

|  | 次末级静叶 | 次末级动叶 | 末级静叶 | 末级动叶 |
|---|---|---|---|---|
| 最大流量相对变化/% | 0.10 | 0.85 | 1.26 | 5.09 |

### 7.3.6　排汽缸内部流场分析

图 7-9 是排汽缸水平位置和垂直位置的平面示意图，下面将主要由这两个平面上的流动参数来反映排汽缸内部的流动。

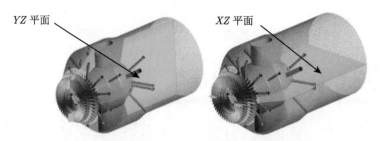

*YZ* 平面　　　　　　　　　　*XZ* 平面

图 7-9　排汽缸水平和垂直方向中心截面位置

由压力分布图 7-10 和图 7-11 可以看出，水蒸气进入排汽缸后，由于流通面积增大，动能转化为压力能，速度降低，压力升高，产生扩压效果。水蒸气绕过加强筋、通油管道、肋板，局部流通面积减少，部分压力能转化为动能，压力下降，速度增加。接着水蒸气进入扩压器中部水平段，由于流道面积不变，流动较为平稳，水蒸气动能与压力能变化不明显。经过扩压器水平段以后，水蒸气进入二次扩张段，流通面积再次增大，动能转化为压力能，速度降低，压力升高，产生扩压效果[55]。

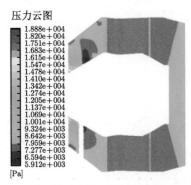

(a) 平均速度进口排汽缸单独计算

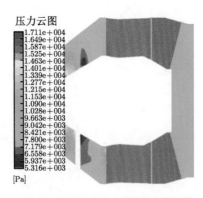

(b) 进口给定速度分布排汽缸单独计算

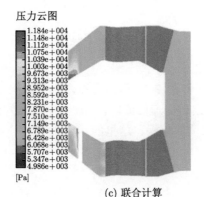

(c) 联合计算

图 7-10　$YZ$ 平面压力分布

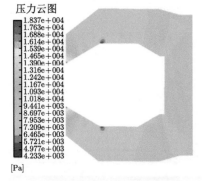

(a) 均匀速度进口排汽缸单独计算

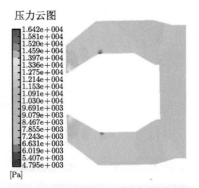

(b) 进口给定速度分布排汽缸单独计算

压力云图

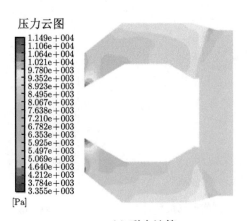

(c) 联合计算

图 7-11　$XZ$ 平面压力分布

由平面流线图 7-12 和图 7-13 可以看出，由于轴承座后方扩压器出口处，通道面积突然扩大，流动出现低速回流区，出现两个相反的涡对，并向下游发展。此时流动出现分离和大尺度的漩涡，这里的几何通流面积急剧增大，对水蒸气的静压升贡献很小。

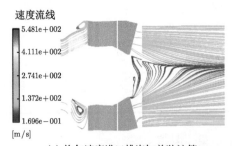

(a) 均匀速度进口排汽缸单独计算

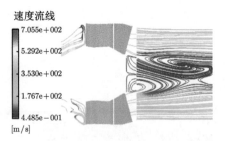

(b) 进口给定速度分布排汽缸单独计算

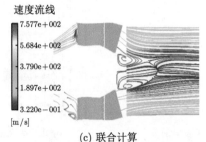

(c) 联合计算

图 7-12　$YZ$ 平面流线图

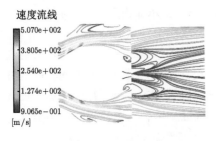

(a) 均匀速度进口排汽缸单独计算

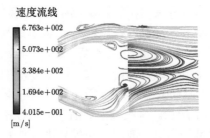

(b) 进口给定速度分布排汽缸单独计算

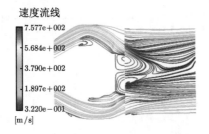

(c) 联合计算

图 7-13 $XZ$ 平面流线图

进口速度分布对排汽缸内部流场有着非常显著的影响, 相比于均匀速度进口排汽缸单独计算, 给定进口速度分布的排汽缸单独计算不仅有轴向速度, 还有切向、径向速度分布, 这使得汽流能够比较顺利地通过扩压段, 轴承盖板处和排汽缸内壁的流动分离减小, 大大提高了流动效率, 静压恢复系数高, 总压损失系数小。

由 $YZ$ 平面流线图看出, 排汽缸单独计算 (给定速度分布) 流场与联合计算流场相似, 排汽缸内壁下方产生漩涡, 通油管道前缘产生漩涡。其所得到的静压恢复系数和总压损失系数也比排汽缸单独计算 (均匀进口) 更加接近于联合计算所得到的值。

由 $XZ$ 平面流线图看出, 排汽缸单独计算 (均匀进口) 排汽缸上下内壁处产生较大的漩涡, 流场最为紊乱; 排汽缸单独计算 (给定速度分布) 排汽缸内壁和轴承座上下盖板都产生漩涡, 流场比排汽缸单独计算 (均匀进口) 平稳; 联合计算时, 排汽缸轴承座上盖板以及排汽缸内壁下侧产生较小的漩涡, 流场最为平稳, 获得最大的静压恢复系数, 最小的总压损失系数。

## 7.4 轴流排汽缸优化改型

由于轴流排汽缸文献比较少, 参照向上或向下排汽方式的排汽缸设计, 影响扩压器性能的因素有末级动叶根径高度 $d_1$, 末级叶片叶顶高度 $d_2$, 轴承高度 $d_3$,

排汽缸高度 $d_4$，扩压器起始角度 (排汽缸内壁)$\alpha$，轴承盖板起始角 $\beta$。$d_1$ 和 $d_2$ 由
转轴和末级动叶决定，$d_3$ 由轴承的高度决定，取决于轴承的类型。在本研究中保
持 $d_1$、$d_2$、$d_3$ 尺寸不变。$d_4$ 由轴流排汽缸的径向尺寸决定，$d_4$ 尺寸增大会引起
整个排汽缸尺寸的增大，故研究中也保持 $d_4$ 尺寸不变，保证排汽缸的径向尺寸不
变。本研究中通过改变 $\alpha$ 和 $\beta$ 来实现轴流排汽缸性能的提高，各尺寸示意图如图
7-14 所示。排汽缸内通油管道的存在也对排汽缸流场有一定的影响，本节还将对
通油管道进行改型，来提高排汽缸的气动性能[56,57]。

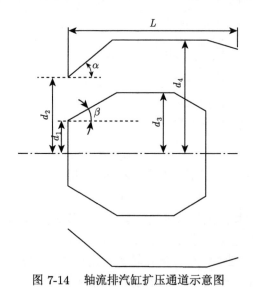

图 7-14    轴流排汽缸扩压通道示意图

由前文的分析可以看出，末级动叶出口与排汽缸进口相互作用对排汽缸性能
以及内部流动有着显著的影响。在下文的结构优化改型中，不同排汽缸结构的数
值模拟都与低压级组联合计算，这样能够考虑末级动叶出口与排汽缸进口的相互
作用，更加符合实际情况。

### 7.4.1    扩压器优化改型

水蒸气在扩压器中将部分余速动能转化为压力能。好的扩压器能够使排汽缸
有高的静压恢复系数和低的总压损失系数。排汽缸出口速度不均匀度也是反映排
汽缸气动性能的重要指标。排汽缸出口不均匀度大说明排汽缸内部流动紊乱，内
部损失也较大。同时排汽缸出口速度分布对下游凝汽器也有一定的影响[58-62]。

轴流排汽缸改型的目标是获得最高的静压恢复系数，最低的总压损失系数，以
及较小的出口不均匀系数。由表 7-5 和表 7-6 中可以看出，轴承盖板起始角 $\beta$ 越
小，排汽缸的气动性能越好，但是由于轴承尺寸以及整体排汽缸结构尺寸的限制，

β 最小为 20°；扩压器起始角度太大和太小时排汽缸性能都不理想，针对本节研究的轴流排汽缸，最佳的扩压器起始角度 α 为 40°。方案 K 获得了最高的静压恢复系数，最低的总压损失系数，静压恢复系数较原设计方案提高 40.68%，总压损失系数较原设计方案减少 31.43%，出口不均匀系数由原结构的 1.1857 减小到 1.1396。选择方案 K 为优化改型的方案。排汽缸优化改型后的结构如图 7-15 所示。

表 7-5　部分扩压器改型 I

| | 方案编号 | | | | | | | |
|---|---|---|---|---|---|---|---|---|
| | 原始 | A | B | C | D | E | F | G |
| $\alpha/(°)$ | 37.5 | 40 | 45 | 35 | 35 | 40 | 40 | 40 |
| $\beta/(°)$ | 30 | 30 | 30 | 30 | 25 | 25 | 27.5 | 22.5 |
| 静压恢复系数 | 0.3891 | 0.4763 | 0.3335 | 0.2068 | 0.3368 | 0.4996 | 0.4499 | 0.5204 |
| 总压损失系数 | 0.4229 | 0.3591 | 0.479 | 0.5867 | 0.4697 | 0.3267 | 0.3718 | 0.3108 |
| 出口不均匀系数 | 1.1857 | 1.1406 | 1.1678 | 1.178 | 1.1668 | 1.164 | 1.1618 | 1.1474 |

表 7-6　部分扩压器改型 II

| | 方案编号 | | | | | | | |
|---|---|---|---|---|---|---|---|---|
| | H | I | J | K | L | M | N | O |
| $\alpha/(°)$ | 45 | 42.5 | 42.5 | 40 | 35 | 42.5 | 32.5 | 42.5 |
| $\beta/(°)$ | 25 | 25 | 27.5 | 20 | 20 | 20 | 30 | 30 |
| 静压恢复系数 | 0.3808 | 0.4367 | 0.4006 | 0.5474 | 0.3607 | 0.4636 | 0.0934 | 0.3527 |
| 总压损失系数 | 0.435 | 0.3881 | 0.4148 | 0.29 | 0.481 | 0.3722 | 0.6761 | 0.4575 |
| 出口不均匀系数 | 1.1667 | 1.1605 | 1.1823 | 1.1396 | 1.0888 | 1.1248 | 1.2263 | 1.1761 |

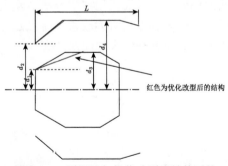

图 7-15　原设计与优化改型后结构对比

接下来对优化后的排汽缸的内部流场与原设计的排汽缸内部流场进行对比分析。

由图 7-16 中看出，末级动叶出口马赫数沿圆周分布不均匀，随着叶高逐渐变大，在叶顶处马赫数大于 1，有超声速现象，出现激波。相比于原设计的排汽缸，优化改型后的排汽缸叶根处马赫数比原设计结构马赫数小。末级动叶出口压力沿着圆周分布不均匀，由叶根到叶顶逐渐变小。原设计排汽缸叶根处压力比优化后的排汽缸大。优化后的排汽缸叶顶处的压力比原设计的小。

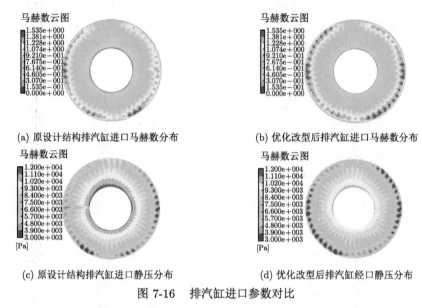

(a) 原设计结构排汽缸进口马赫数分布　　　　　(b) 优化改型后排汽缸进口马赫数分布

(c) 原设计结构排汽缸进口静压分布　　　　　(d) 优化改型后排汽缸经口静压分布

图 7-16　　排汽缸进口参数对比

由于优化前后的排汽缸内部结构不同，排汽缸与低压级组的相互作用导致了排汽缸进口参数分布的不同。

图 7-17 给出了优化前后的排汽缸内三维流线图。原设计结构的轴流排汽缸在排汽缸内壁发生较大的流动分离，且在扩压器中部流线紊乱，使得排汽缸的气动性能较差。优化改型后排汽缸内部流场大为改善，排汽缸内壁分离情况减少，且整体流线平稳，在扩压器部分没有产生大的漩涡分离。

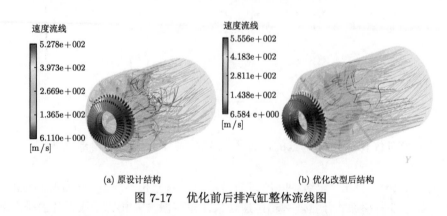

(a) 原设计结构　　　　　　　　　　(b) 优化改型后结构

图 7-17　　优化前后排汽缸整体流线图

图 7-18 给出了优化前后的 $YZ$ 平面流线图。图中灰色的部分是通油管道和

肋板。由于通油管道的阻碍，水蒸气在通油管道前方流动滞止，发生分离，在通油管道上部的前方形成漩涡，在通油管道下方排汽缸内壁处也形成漩涡。优化后的排汽缸在轴承座后方扩压器出口处的两个相反的涡对比原设计排汽缸要小。优化后排汽缸的出口不均匀系数由原来的 1.1857 减小到 1.1396。这表明，优化设计后的排汽缸气动性能得到改善，流动分离减少。

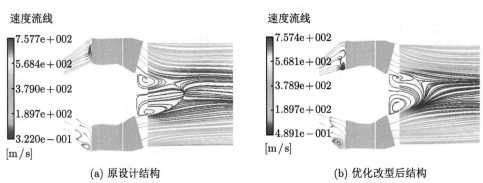

(a) 原设计结构          (b) 优化改型后结构

图 7-18 优化前后 $YZ$ 平面流线图

图 7-19 给出了优化前后的 $XZ$ 平面流线图。由图 7-19(a) 可以看出原设计的排汽缸在轴承盖板上方和排汽缸内壁流动分离出现漩涡。优化改型后排汽缸轴承盖板上方的涡消失，排汽缸内壁下方的涡也几乎消失，流动分离大大减少。静压恢复系数较原设计方案提高 40.68%，总压损失系数较原设计方案减少 31.43%

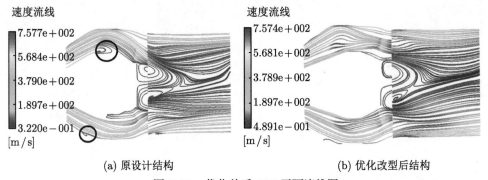

(a) 原设计结构          (b) 优化改型后结构

图 7-19 优化前后 $XZ$ 平面流线图

图 7-20 和图 7-21 分别给出了优化前后 $YZ$ 平面和 $XZ$ 平面的压力分布，其中灰色部分是通油管道和肋板。相比于原结构优化改型后的结构扩压效果明显，分离明显减小。图 7-21(a) 显示在扩压器一段与平稳段过渡的位置有一个

低压区，流线图显示产生了漩涡，流动发生分离，使排汽缸产生较大的损失。从图 7-21(b) 可以看出改型后的结构扩压器一段和平稳段之间漩涡消失，有效地改善了流场。

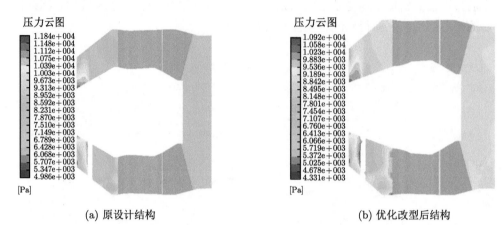

(a) 原设计结构                                  (b) 优化改型后结构

图 7-20　优化前后 $YZ$ 平面压力分布

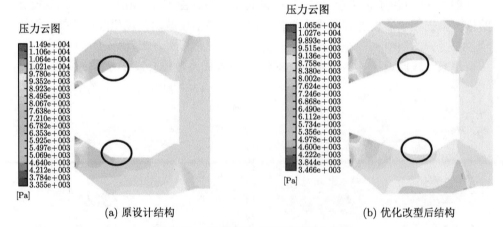

(a) 原设计结构                                  (b) 优化改型后结构

图 7-21　优化前后 $XZ$ 平面压力分布

### 7.4.2  通油管道优化改型

通油管道的存在对于轴流排汽缸内部流动有较大的影响，可尝试通过修改通油管道横截面的形状来改善排汽缸内部的流动。在保证原设计模型中通油管道通油面积不变情况下，适当改进通油管道截面形状：将前缘和后缘的圆弧改为椭圆弧。图 7-22 黑色代表原始截面型线，红色为改进之后的截面型线。

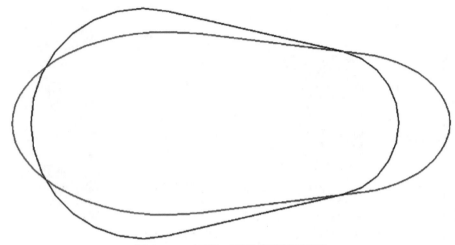

图 7-22　改型前后通油管道截面型线

图 7-23 给出了改型前后管道表面平面压力分布，图 7-24 给出了改型前后管道表面流线分布，由流线分布图可以看出，水蒸气在通油管道前缘滞止，流动发生分离，流线紊乱。由压力分布图可以看出改进后的结构管道前缘压力分布比原结构压力分布均匀，减小了流动分离的程度，流场更稳定，提高了排汽缸的气动性能，静压恢复系数提高 0.13%，总压损失系数减小 2.2%。

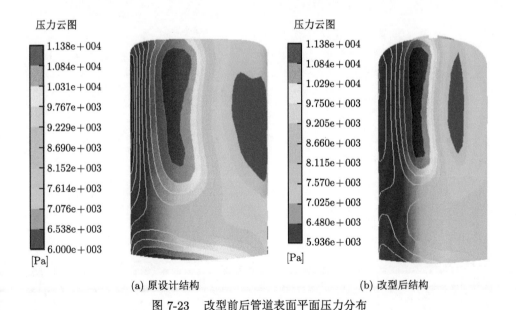

(a) 原设计结构　　　　　　　　(b) 改型后结构

图 7-23　改型前后管道表面平面压力分布

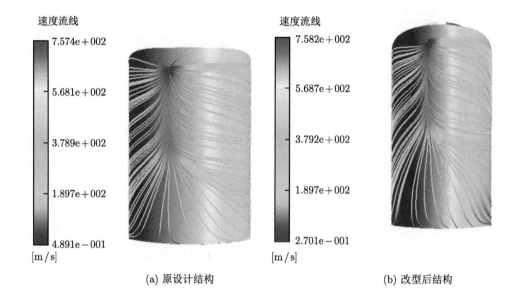

(a) 原设计结构　　　　　　　　　　　　　(b) 改型后结构

图 7-24　改型前后管道表面流线分布

# 第 8 章　叶片事故案例分析

## 8.1　引　言

叶片损坏的原因是多方面的，可以从不同角度加以分析。主要可归纳为设计、制造、安装、运行和老化等[63-70]。

设计原因：叶片振动特性计算不准确，叶片及轮系发生共振而引起叶片断裂，或叶片动强度不足，使叶片出现事故。

制造原因：制造方面引起的叶片事故最多，如叶片装配、机械加工等问题。

运行原因：如水蚀、水击、蒸汽参数低、湿度大、长期高、低周负荷运行、频繁启停、汽水品质不好等。

检修原因：检修方面引起的叶片故障，如更换叶片未按规程进行。

材料原因：叶片材料缺陷造成叶片的损坏，有材料不良、选材不当、热处理不当等。

本章主要介绍工业汽轮机叶片和燃机叶片事故相关案例，包括失效原因分析以及改进措施等。

## 8.2　工业汽轮机叶片事故案例

### 8.2.1　某合成氨压缩机驱动用工业汽轮机叶片

某大型化肥厂驱动合成氨压缩机用工业汽轮机是有工业抽汽的高压双缸凝气式机组，于 1978 年安装运行。机组运行参数如表 8-1 所示。

表 8-1　机组参数

| 变量 | 数值 |
| --- | --- |
| 进汽压力/bar | 100 |
| 进汽温度/℃ | 490 |
| 进气流量/(t/h) | 178 |
| 输出功率/kW | 17987 |
| 额定转速/(r/min) | 11230 |
| 转速范围/(r/min) | 9545~11790 |

机组在该化肥厂自投产以来，两年内共发生了 5 次调节级叶片断裂事故，详细的叶片结构及断裂位置如表 8-2 所示。

表 8-2    叶片断裂事故历程

| 次数 | 叶片结构及形式 | 断裂部位 | 运行时间/h | 事故日期 |
|------|------------------|----------|------------|----------|
| 1 | 单铆钉、单围带、三片成组 | 铆钉头及围带 | 333 | 1978.10.11 |
| 2 | 单铆钉、单围带、四片成组 | 铆钉头根部及围带 | 81 | 1978.12.17 |
| 3 | 单铆钉、单围带、四片成组 | 调节级叶根第一榫齿 | 207 | 1979.3.7 |
| 4 | 双铆钉、双围带、三片成组 | 调节级叶根第一榫齿 | 1779 | 1980.7.4 |
| 5 | 双铆钉、单围带、四片成组 | 调节级叶根第一榫齿 | 37 | 1980.8.10 |

上述断裂的原因有以下几点：

(1) 通过对原叶片材料进行分析，发现所用材料 Z20CDNbV11 的化学成分及一般力学性能虽符合规定，但存在材料的屈强比偏大 ($> 0.85$)，工作温度下的延伸率有较大下降。

(2) 通过对断口进行放大分析，发现断口宏观表现为典型的多源疲劳，断口氧化严重；扫描电镜二次显像为穿晶型裂纹，具有高温疲劳特征，并有氧化物颗粒。分析认为，叶根齿参与了振动并与轮缘有相对摩擦；疲劳裂纹发展方向与所在位置表明，叶根齿受切向弯曲和交变载荷，并附有较大的应力集中。

(3) 对原叶片进行频率测定和计算，当转速在 11000r/min 左右时，叶片组的 $B_0$ 和 U 型振动频率可能与 Zn 频率发生共振，而当工作转速达到 7500r/min 时，X 型共振也会发生。

(4) 对工业汽轮机运行方式和系统布置进行分析，发现该机每次事故均发生在停机后再启动不久，且常常是在过热器加热炉突然熄火后的汽温陡降过程。分析认为，工业汽轮机运行过程中以下方面对叶片断裂也会产生影响：①启动时在 7500r/min 危险工况停留时间较长；②通过中压管网的抽汽逆止阀前面长期未安装疏水阀；③启动时，旁通阀操作不当，使主蒸汽流量大幅度波动。

针对以上原因，对该机组调节级叶片结构和工业汽轮机运行方式提出以下改进措施：

(1) 在每两个调节级叶片间打入梯形销，限制振动下传至叶根，并提供阻尼。

(2) 取消铆钉薄弱环节结构，采用新型的三角阻尼销，放置于加厚围带之间，起阻尼和连接的作用。

(3) 加厚叶型底部的台肩使叶根受力均匀，优化枞树形叶根型线的加工公差，提高装配质量。

(4) 叶片改用性能较好、疲劳强度高的材料，并采用喷丸强化处理。

(5) 明确加强启、停机操作中疏水的监视，防止管网回水、回汽；提出对汽水品质的严格要求，增加检测次数；要求改进旁通阀的操作，减少启动中主汽流流量大幅波动；要求加强加热炉熄火时的联锁保护，即当进汽温度低于 400℃ 时应立即停机。

基于上述改进措施，累计运行近 3 万小时，安全可靠。

## 8.2.2 某 169mm 中间级叶片

20 世纪 70~80 年代，采用苏字 1132 型线的 169mm 叶片的机型超过 14 种，约 220 台机组，如表 8-3 所示。

表 8-3 主要机型的叶片技术特征

| 序号 | 机型 | 级别 | 静叶数/动叶数 | 进、抽汽口 | 工作区 |
|---|---|---|---|---|---|
| 1 | N300-165 | 20/26, 32/38P | 60/126 | 级前 | 干 |
| 2 | N200-130 | 23/28/33 | 54/126 | 级前、后 | 干 |
| 3 | N125-135 | 19/25P | 60/126 | 级前 | 干 |
| 4 | 51-1000-2 | 16/21 | 54/124 | 级前、后 | 过渡 |
| 5 | 51-1000-2 | 14 | 54/126 | 级前 | 过渡 |
| 6 | N100-90 | 16/21 | 54/126 | 级前、后 | 过渡 |

在服役过程中，累计 221 级次的 169mm 叶片损坏。损坏的部位从铆头、围带一直到叶根。以铆头、围带飞脱最为普遍，叶顶从铆头根部开裂，断去一角的也不少，然后是叶型的各个部位都有断裂。加焊拉金后，从拉金孔处断裂，拉金本身也频频断裂。后来又蔓延到叶根外包小脚处和相应的轮槽。断口普遍呈疲劳特征，但也有一部分断口不平整，不少典型疲劳的裂纹走向有贯穿叶型的，有呈纵向的，也有倾斜的；断裂源点在出汽边，从铆头起裂的很多，在进汽边的也有。

1977 年制订《汽轮机不调频叶片安全准则》时，结合 169mm 叶片事故进行分析，结果发现该级叶片属第一种不调频叶片，其安全倍率 $A_b$ 大多不合格。

根据这一原因，采取的主要措施有：

(1) 加宽松拉金方案。

至 1984 年已有 60 台机组、118 级叶轮采取了整圈松拉金方案。

(2) 改型叶片方案。

参照运行多年基本安全的苏字 1184 叶型，设计了改型 1184Z，其特点是：①叶型断面模数增大，使 $A_b$ 增大 60%~130%；②铆头加大，使拉应力降低 50%，剪切应力降低 65%；③$A_0$ 振频有所升高，$B_0$，$A_1$ 大体不变。新设计的叶片通过加宽叶片从而提高 $A_b$ 值，至今未损坏。

## 8.2.3 某氮压缩机驱动用工业汽轮机叶片

某石化公司是一个集炼油、化肥、化纤于一体的现代化石油化工联合生产企业。该公司使用氮压缩机驱动用工业汽轮机。机组部分参数如表 8-4 所示。

表 8-4　　机组参数

| 变量 | 数值 |
| --- | --- |
| 额定转速/(r/min) | 11640 |
| 功率/kW | 13000 |
| 进汽压力/MPa | 3.75 |
| 级数 | 5 |
| 转子最大直径/mm | 861 |

该转子在化肥厂安装运行一段时间后，因转子振动超过联锁值而自动报警停车。揭缸检查时发现末 2 级动叶片，多只叶片从型底断裂，同时也出现一组叶片围带脱落飞出，如图 8-1 所示。

图 8-1　末 2 级失效动叶片

材质复检表明材质合格，断裂与材质关系不大。断口观察表明叶片断裂为疲劳断裂，且从加工刀痕开始。由于加工刀痕不仅造成应力集中，而且会产生较大的残余拉应力，再与叶片的工作应力叠加，促使疲劳裂纹过早地产生于加工刀痕处。但断口处又表明，叶片断裂前受力状态发生多次明显改变，这表明加工刀痕引起的残余应力与应力集中不是叶片断裂的主要原因，而是促进因素。

基于以上原因，提出了两点改进建议。①重新设计了末 2 级叶片结构，将原先的铆接围带改为目前的自带冠围带，从而减小叶身的振动应力，如图 8-2 所示。②在生产加工中加强质量控制，以达到叶片长周期稳定运行。该机组于 2016 年开始运行，至今安全可靠。

图 8-2　改进后的叶片结构

### 8.2.4 某垃圾电站用工业汽轮机叶片水蚀

某电站是一座垃圾焚烧发电站，为环境工程示范项目，设计日处理能力约为1000t，发电量为 1.3 亿千瓦时。项目配有两套焚烧炉和余热锅炉，一套汽轮机发电机组，2005 年安装运行。机组部分参数如表 8-5 所示。

表 8-5    机组参数

| 变量 | 数值 |
| --- | --- |
| 级数 | 1+5+5+3 |
| 进汽压力/bar | 62(60.5～63.5) |
| 进汽温度/°C | 445(435～450) |
| 排汽压力/bar | 0.08(0.07～0.09) |
| 排汽湿度 | 0.87～0.89 |
| 转速/(r/min) | 5200(5044～5252) |
| 正常功率/kW | 20645 |
| 末级叶片出汽边高度/mm | 357.9 |

该转子安装运行一段时间后，由于实际运行参数和设计参数偏差大，工况不稳定，开缸后发现工业汽轮机末级叶片前缘背弧发生严重水蚀，如图 8-3 所示。

图 8-3    末级水蚀失效叶片

工业汽轮机末级叶片处于湿蒸汽区，当蒸汽膨胀越过饱和线时，发生自发凝结现象，游离的水分子聚集成核，形成雾滴，其中小部分雾滴在导叶表面聚结成水膜层，水膜层不断增厚，在离开导叶出汽边时由于主汽流的作用，其撕裂成 $200\mu m$ 以上的大水滴，这些大水滴冲击动叶片进汽边背弧上部，造成叶片顶部水蚀损伤。如果末级叶片处于小容积流量、低真空工况，则叶片底部的负反动度将变得很大，造成大范围的回流区，回流蒸汽携带水滴冲击叶片下半部，造成水蚀。

经过核算，由于该工业汽轮机运行工况不稳定且偏离设计范围，所以叶片腐蚀系数较高，达到 0.8~1.1，发生严重水蚀。

基于以上分析，该级叶片全部替换为全新叶片，新叶片背弧采用激光淬硬工艺，目前该叶片已长期稳定运行多年。

### 8.2.5　某合成气压缩机驱动用工业汽轮机叶片

某石化公司是以油田原油、轻烃、天然气为主要原料，从事炼油、化肥、乙烯生产的石油化工联合企业。该公司某二氧化碳压缩机驱动用工业汽轮机为国外某公司生产，1976 年安装运行。机组部分参数如表 8-6 所示。

表 8-6　机组参数

| 变量 | 数值 |
| --- | --- |
| 转速范围/(r/min) | 7050~7650 |
| 进汽压力/MPa | 3.8 |
| 进汽温度/℃ | 350~365 |
| 级数 | 7 |

该机组自投产以来，转子的末级叶片拉金断 2 次，叶片断 3 次。由图 8-4 可以看到，末级叶片有 2 只断裂，位置位于拉金孔危险截面处，断裂叶片处拉金磨损严重。

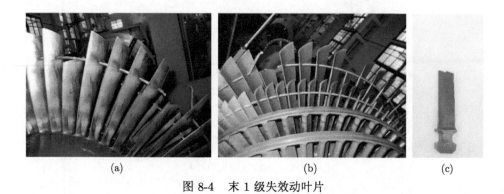

(a)　　　　　　　　　　　(b)　　　　　　　　　(c)

图 8-4　末 1 级失效动叶片

对断叶进行化学分析、金相组织及断口分析，以确定叶片的断裂机理。从叶片断口截面可以看到，叶片断口从拉金孔背弧进汽边侧逐渐扩展，断面在微观上有疲劳条纹特征，可以断定为疲劳断裂。末级叶片拉金其他各处均没有较严重的磨损，说明其他叶片并没有产生长期较大的振动，即在设计该级叶片时，理论上成组叶片是安全的，叶片断裂主要是由单只叶片振动造成的。

仔细研究了叶片安装质量、拉金结构形式对叶片频率的影响，计算了整圈、半圈以及单只叶片的静、动频率，最终提出了两点建议：

(1) 对叶片结构进行修改：修改叶型，改变叶片频率，避免叶片长期处于较大振动状态；改进拉金结构，减少拉金孔处的应力集中，增加该截面的抗弯能力；

(2) 将材料从 2Cr13 升级成 17-4PH。

修复后的转子及叶片见图 8-5，该机组自 2009 年运行至今，安全可靠。

图 8-5　末 1 级动叶片

## 8.3　燃机叶片事故案例

某电厂有两台 50MW 左右的燃气轮机机组用于发电。机组部分参数如表 8-7 所示。该机组于 2005 年 5 月 11 日并网投入商业运行，机组自投产以来发生多起第一级压气机和涡轮动叶断裂事故。本节分别叙述了压气机叶片和涡轮叶片事故的原因及改进措施。

表 8-7　机组参数

| 变量 | 数值 |
| --- | --- |
| 功率/MW | ∼ 50 |
| 转速/(r/min) | 5400 |
| 流量/(kg/s) | ∼ 165 |
| 压比 | ∼ 15 |
| 透平初温/°C | ∼ 1150 |
| 燃机效率/% | ∼ 32.9 |
| 燃料 | 重油 |

### 8.3.1　某燃气轮机压气机叶片

#### 8.3.1.1　事故发生经过

　　#1 机组正常启动，30 分钟后带负荷 31MW 稳定运行，各运行仪表指示正常。2# 机组稳定带负荷几乎同时达到 32MW 运行。此后，#1、#2 燃机与一台汽轮机组成联合循环发电运行，至发生事故前，机组各指示仪表及自动记录设备均未发生异常运行征兆。

　　约 10 个小时后，值班人员突然听到 "轰" 的一声巨响，随之 #1 燃机出现开关 505 跳闸，超速跳闸阀 FV15506 自动关闭，机组自动停机。经检查，#1 燃机的压气机端的振动测点 VT15139X、VT15185Y 及排气端振动测点 VT15138X 均达到极限值 384.93μm(仪表显示值极限)。显示屏报警信号为 "振动跳机"。

　　在机组停机惰走时，值班员巡视检查未发现异常。停机后发现盘车马达电流偏大。在盘车时，从压气机入口处听到断续的周期性的异常声音，打开压气机进气室人孔门检查，发现压气机进口可转导叶 (IGV)、第一级动叶及静叶严重损伤。

#### 8.3.1.2　事故现场说明

　　经检查确认，发现：

　　(1) 压气机转子除第一级一片叶片折断以外，其余各级动静叶片未有折断，但叶片均有不同程度的损伤，叶片几乎全部被打弯，并有严重缺口，见图 8-6 和图 8-7。

图 8-6　压气机转子各级动叶被打弯

图 8-7 压气机一级动叶断口情况

(2) 压气机的静叶片也遭到不同程度的打伤，但没有静叶片折断的情况，见图 8-8。

图 8-8 静叶片有不同程度的损伤

(3) 压气机气缸 (上、下) 由于受到折断叶片的撞击，均被打出许多大小不一的麻坑，见图 8-9。

图 8-9　压气机下缸静叶片和缸体都有损伤

(4) 断裂压气机第 1 级动叶根部留在转子槽中，其断口截面离转子轮毂高度约 15mm。肉眼能观察到断口表面存在蚌壳状纹路，并有显著的最后断裂时的撕裂断面，见图 8-10。

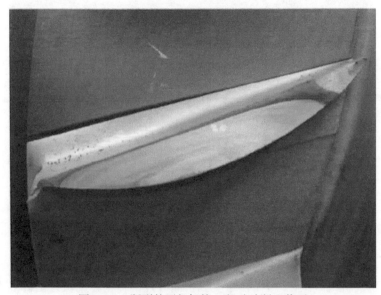

图 8-10　断裂的压气机第 1 级动叶断口截面

(5) 位于压气机第 1 级动叶前的一排进气可转导叶 (IGV) 也受到严重损伤，损伤部位主要集中在出气边，且创痕均为逆气流方向，说明是压气机一级动叶断叶及打伤的其他叶片的碎片反向打伤进气导叶，而非压气机进气道异物进入所导致，见图 8-11。

图 8-11   损坏的 IGV 叶片状况

### 8.3.1.3   检验分析

为分析事故原因，对发生断裂故障的压气机第 1 级叶片材质及断口进行了理化分析。

试样的化学成分分析表明叶片材料为 0Cr17Ni4Cu4Nb，其化学成分符合中国标准及美国标准相关技术条件。对断口试样进行硬度试验，测量结果在正常范围内，符合中国标准及美国标准相关技术条件。对断口试样进行室温强度试验，测试结果符合中国标准及美国标准相关技术条件。

对断口扫描电镜分析，断裂源位于叶身背侧中部。经扫描电镜观察，疲劳源区未见材料及冶金缺陷。断口裂纹由叶型背弧向叶型内弧扩展，扩展区较大，说明疲劳扩展比较充分。扩展区为穿晶裂纹，可见明显的疲劳弧线，为典型的高周疲劳纹特征。瞬断区位于内弧一侧，面积较小，瞬断区显微特征为韧窝。断口的微观形貌如图 8-12 所示。

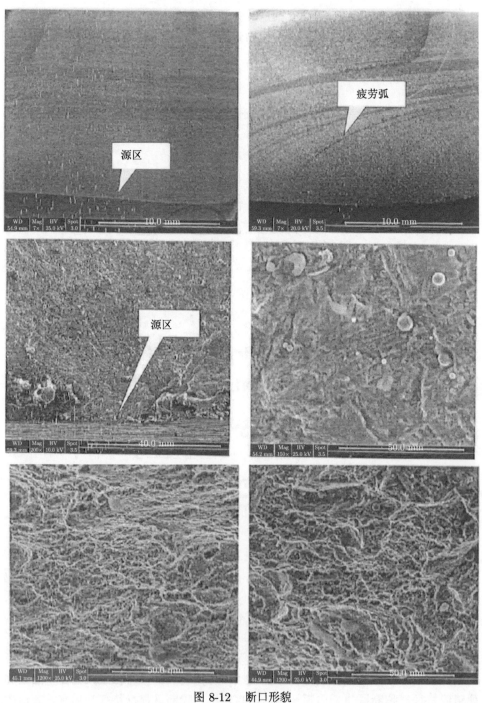

图 8-12　断口形貌

对样品进行能谱分析，附着物颜色分别为白色和黑色，结果如图 8-13 所示。白垢的主要成分有 Mg、S、V、Ni 等，主要成分是抑矾剂 $MgSO_4$，还有一定的矾含量。黑垢的主要成分是 Fe，为压气机叶片基体元素。

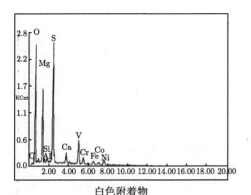
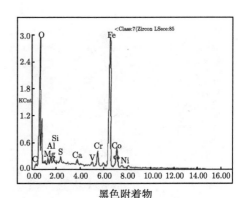

白色附着物          黑色附着物

图 8-13　表面附着物能谱分析

### 8.3.1.4　结论

通过宏观分析、化学成分分析、硬度试验、机械力学性能、金相组织分析、断口扫描分析、表面附着物能谱分析等，得到以下结论：

(1) 压气机叶片断裂是由疲劳裂纹发展引起的，裂纹起源于叶背处存有局部伤痕或缺陷处，由于机组的启动、停机及运行过程交变应力的作用，裂纹逐渐扩展，直至拉断。

(2) 裂纹断口扩展区为穿晶裂纹，表明叶片破坏来自高周疲劳。

(3) 断口接近根部，推测可能存在低位频率共振状况。建议在适当的时间，对压气机的动静叶片进行必要的仔细检查，采取防腐防磨措施。

## 8.3.2　某燃气轮机涡轮叶片

### 8.3.2.1　事故发生经过 [71]

某燃机机组在 2004 年某日 7 时左右按规程升负荷约 36MW，10 分钟后，突然发出强烈轰鸣声。在突然发生意外事故不到 1s 内，燃机控制系统自动记录到压气机压力突然下降，排温分散度突然大幅度提高，排气温度自平均 449℃ 上升到 800～1180℃。控制系统正常记录到排气温度分散度高和排气温度高的报警信号和强迫停机信号。经过自然冷机后，检查火焰筒、过渡段和余热锅炉排气烟道，观察到一级静叶及三级动叶严重损坏，以及大量散落的金属碎片。

8.3.2.2   事故现场说明

经检查确认，发现：

(1) 一级静叶大部分已掉落成缺口，有些静叶仅残根留在持环上，见图 8-14。

图 8-14   叶片损坏情况

(2) 发现有静叶碎片越过一级动叶卡入二级静叶通道内。巨大的离心力和动能把静叶和叶片打成碎片，又严重打伤隔离板和护环，隔离板上的固定板被扭弯、打变形，见图 8-15。

图 8-15　护环损坏情况

(3) 全部一级动叶几乎从叶根处切落，碎片被撞击和打磨成鹅蛋状并散落在热通道和烟道各处，见图 8-16。

图 8-16　动叶损坏情况

### 8.3.2.3　检验分析

为分析事故原因，指导机组修复和保证随后的安全运行，对发生断裂故障的涡轮第 1 级静叶片材质及断口进行了理化检验分析。

(1) 在静叶内环上取样进行化学成分分析，结果表明其化学成分符合有关技术条件。

(2) 对静叶进行金相分析，共取 5 个试样。试样 1：静叶内环上基体试样；试样 2：静叶进气侧减薄严重处横截面试样；试样 3：静叶进气侧减薄不严重处横截面试样；试样 4：靠近静叶出气侧气孔裂纹试样；试样 5：静叶外弧侧孤立裂纹试样。具体检测结果如下。

试样 1 组织正常，组成相是 γ 基体和弥散分布的碳化物，有明显的柱状晶存在，属于精密铸造成型。试样 2 组织中碳化物析出量比其他样品多，晶内碳化物聚集长大程度较其他样品严重，表明试样 2 的运行温度比其他样品高。试样 3、4 和 5 的外壁和内壁碳化物分布有明显的差异，外壁碳化物数量较少，是部分溶解所致。试样 2 的原始外壁已被大部分烧蚀掉了，其当前外壁碳化物析出量及聚集长大程度也较内壁严重。这表明叶片外壁的运行温度比内壁高。各样品外壁均有明显的氧化腐蚀迹象及大量的氧化微裂纹。试样 4 是沿枝状晶间断裂。试样 5 内壁有明显的疲劳裂纹存在。

(3) 理化分析综合结论。

叶片进气侧烧蚀减薄严重。这与该部位的燃气温度较高，且其冷却气孔几乎被积垢堵死，阻碍了介质的冷却作用，导致叶片超温加剧烧蚀有关。对样品显微组织的金相分析表明：试样 2(静叶进气侧减薄严重处) 的组织老化程度比其他样品严重，且各样品的外壁组织比内壁老化严重，这与外壁温度较高相关。试样 5 内壁有明显的疲劳微裂纹存在。对垢层的能谱分析结果表明，其成分主要是高温氧化产物。断口的扫描电镜结果表明，断口具有沿晶脆性断裂特征，这与合金长期在高温和应力作用下的晶界弱化有关。

### 8.3.2.4　结论

(1) 该机组比同等级重型燃机第一级静叶结构更为单薄，冷却孔径细小，冷却效果变差，易造成金属材料高温氧化腐蚀，产生变形、裂纹、掉块，甚至造成大块脱落。

(2) 第一级静叶是事故首发损坏的部件。第一级静叶损坏后，静叶下部脱落，打坏的叶片及碎片在巨大的离心力和动能作用下，使后级的静叶和动叶瞬间大范围撞击损坏。

(3) 机组事故是在制造厂规定的计划检修周期间隔时间内意外发生的，之前机组一直处于良好运行状态，也得到了良好的维护、运行。机组在之前两次燃烧室检查中都没有发现静叶故障现象。机组控制系统、控制仪表、系统设备都处于完好状态。电厂的维护、运行是正确的，断叶事故与维护、运行没有直接关系。

(4) 该燃机第一级静叶是上次大修时更换的进口叶片，而且投运时间不长。叶片材质理化检验分析表明，燃机叶片断叶事故不属于正常寿命周期内的自然磨损或腐蚀损坏事故，而是第一级静叶组在高温下产生的老化和热腐蚀，静叶减薄导致叶片强度不足而引发的事故。

# 参 考 文 献

[1] 蔡颐年. 蒸汽轮机. 西安: 西安交通大学出版社, 2007.

[2] 舒士甄, 朱力, 柯玄龄, 等. 叶轮机械原理. 北京: 清华大学出版社, 1999.

[3] 吴厚钰. 透平零件结构和强度计算. 北京: 机械工业出版社, 1980.

[4] 丁有宇. 汽轮机强度计算手册. 北京: 中国电力出版社, 2010.

[5] 特劳佩尔 W. 热力透平机. 北京: 机械工业出版社, 1988.

[6] 隋永枫, 初鹏, 马晓飞, 等. 工业汽轮机高负荷末级静叶积叠规律研究. 汽轮机技术, 2020, 62 (4):270-274.

[7] 隋永枫, 魏佳明, 蓝吉兵, 等. 变转速工业汽轮机叶片叶冠设计研究. 第二届中国仿真技术应用大会论文集, 2020, (S02):194-198.

[8] Zienkiewicz O C, Taylor R. The finite element method. 5th ed. New York: McGraw-Hill, 2000.

[9] Timoshenko S P, Woinowsky K S. Theory of Plates and Shells. New York: McGraw-Hill, 1959.

[10] 王勖成. 有限单元法. 北京: 清华大学出版社, 2003.

[11] Bathe K J, Wilson E L. Numerical Methods in Finite Analysis. New Jersey: Prentice-Hall, Inc. Englewood Cliffs, 1976.

[12] 隋永枫, 孔建强, 辛小鹏, 等. 基于流固耦合的自锁阻尼叶片气流弯应力设计方法:CN 201410358976.6.2014-12-10[2022-3-10].

[13] 王博, 魏佳明, 谷庭伟, 等. 燃气轮机涡轮护环的传热和强度设计. 第十六届中国 CAE 工程分析技术年会论文集, 2020.

[14] 魏佳明, 王博, 蓝吉兵, 等. 定向结晶涡轮叶片低循环寿命分析及结构优化. 热能动力工程, 2020, 35(1):44-48.

[15] Wilkinson J H, Reinsch G. Linear Algebra. London: Oxford University Press, 1971.

[16] Meirovitch L. A separation principle for gyroscopic conservative systems. ASME J. Vib. Acoust, 2013, 119(1): 110-119.

[17] Najafi H, Haleghi E K. A new restarting method in the arnoldi algorithm for computing the eigenvalues of a nonsymmetric matrix. Applied Mathematics and Computation, 2004, 156: 59-71.

[18] Ferng W R, Lin W W, Wang C S. The shift-inverted-J-Lanczos algorithm for the numerical solutions of large sparse algebraic Kiccati equations. Proceeding of the Cornelius Lanczos International Centenary Conference, 1997, 33(10):23-40.

[19] 谢永慧, 张荻. 带摩擦阻尼器长叶片振动特性优化研究. 机械强度, 2007, 29(4):548-552.

[20] 谢永慧, 张荻. 汽轮机阻尼围带长叶片振动特性研究. 中国电机工程学报, 2005, 25(18):86-90.

[21] 季葆华, 李锋, 谢永慧, 等. 现代汽轮机叶片阻尼结构形式设计方法的研究. 西安交通大学学报, 1999, 33(8):40-43.

[22] 孙义冈, 余恩荪. 汽轮机叶轮振动分析. 发电设备, 2006, 20(2):89-93.

[23] 祁峰, 何卓仪, 吴伟. 无线电遥测在汽轮机叶片试验中的应用. 上海电气技术, 2015, 8(2):28-31.

[24] Vacchieri E, Holdsworth S R, Poggiogalle E. Creep-Fatigue life assessment strategy for gas turbine blades and vanes: safe life procedure development, assessment and experimental validation. Proceedings of ASME Turbo Expo 2016:Turbomachinery Technical Conference and Exposition. GT2016-58039.

[25] 罗剑斌, 袁立平, 郑万泔, 等. 汽轮机整圈连接叶片轮系振动模态试验与研究. 中国电力, 2002, 35(7):8-12.

[26] 郭江龙, 李琼, 李祎, 等. 汽轮机低压转子叶片静态频率试验研究. 电站系统工程, 2010, 26(6):19-20.

[27] 张宏涛, 王健, 李宇峰, 等. 汽轮机小焓降叶片型线的平面叶栅试验研究. 汽轮机技术, 2019, 61(3):186-188.

[28] Sergio G, Cedillo T, Bonello P, et al. Effectiveness testing of an inverse method for balancing nonlinear rotordynamic systems. Proceeding of ASME Turbo Expo 2018. GT2018-75145.

[29] 蓝吉兵, 肖萍, 丁旭东, 等. 高参数高转速工业汽轮机调节级动应力评估. 热力透平, 2014, 43(2):139-142.

[30] 汽轮机行业技术手册. 上海: 上海发电设备成套设计研究所, 1983.

[31] 隋永枫. 透平机械转子动力学求解新体系及其数值计算方法. 北京: 电子工业出版社, 2019.

[32] 钟一谔. 转子动力学. 北京: 清华大学出版社, 1987.

[33] 张文. 转子动力学理论基础. 北京: 科学出版社, 1990.

[34] 王铁军. 轴承转子系统动力学——基础篇. 西安: 西安交通大学出版社, 2017.

[35] 虞烈. 轴承转子系统动力学——应用篇. 西安: 西安交通大学出版社, 2017.

[36] 钟万勰. 应用力学对偶体系. 北京: 科学出版社, 2002.

[37] Zhong W X. Duality System in Applied Mechanics and Optimal Control. New York: Kluwer, 2004.

[38] 蓝吉兵, 丁旭东, 陈金铨, 等. 高参数高转速工业汽轮机转子稳定性评估. 热力透平, 2015, 44(1):7-9, 17.

[39] 潘慧斌, 蓝吉兵, 陈金铨, 等. 某工业汽轮机转子动力学设计与评估. 热力透平, 2016, 45(1):29-32.

[40] 张超, 刘龙海, 李相鹏. 高背压式工业汽轮机排汽缸结构分析与优化. 动力工程学报, 2015, 35(4):274-279.

[41] 李俊, 戴韧, 王宏光, 等. 超临界汽轮机中压缸热应力的有限元分析. 发电设备, 2008, 22(4):277-280.

[42] 李军, 张伟荣, 李思俊. 一种工业用高背压汽轮机汽缸密封性研究. 机电信息, 2020, (35):35-37, 39.

[43] 曹敏, 吴辉贤. 驱动用小汽轮机汽缸汽密性分析及结构优化. 化工设备与管道, 2019, 56(4):55-58.

[44] 方志阳, 魏佳明, 朱子奇, 等. 某型燃气轮机冷却管道强度计算分析. 机电工程, 2018, 35 (6):582-585,637.

[45] 孙义冈, 阎占良, 姜丽涛. 小汽轮机管道变形原因的有限元分析. 发电设备, 2006, 20(1): 17-21.

[46] 孙义冈, 陈立苏, 洪建凡. 上海外高桥电厂 2×900MW 超临界机组给水泵汽轮机排汽管道强度与管口推力计算分析. 发电设备, 2005, 19(3):167-173.

[47] Anderson J. Fundamentals of Aerodynamics. McGraw-Hill Science, 2010, 48(12):2983.

[48] 王福军. 计算流体动力学分析. 北京: 清华大学出版社, 2006.

[49] Launder B, Spalding D. The numerical computation of turbulent flows. Computer Methods in Applied Mechanics and Engineering, 1974, 3(2):269-289.

[50] Yakot V, Orszag S. Renormalization group analysis of turbulence: basic theory. Journal of Scientific Computation, 1986, 1(1): 3-15.

[51] 王乃宁, 张志刚. 汽轮机热力设计. 北京: 水利电力出版社, 1987.

[52] Wang D, Ornano F, Li Y, et al. FLOvane: a new approach for high-pressure vane design. Journal of Turbomachinery, 2017, 139(6):061002.

[53] 隋永枫, 初鹏, 蓝吉兵, 等. 高转速工业汽轮机低压级组长扭叶片气动设计与分析. 汽轮机技术, 2020, 62(3):170-172, 230.

[54] 隋永枫, 初鹏, 叶钟, 等. 工业汽轮机低压排汽系统非定常气动性能和强度研究. 中国动力工程学会透平专业委员会 2013 年学术研讨会论文集, 2013, (4):1-10.

[55] 谢永慧, 张荻, 吕坤. 多种流动控制技术. 北京: 科学出版社, 2017.

[56] 宋立明. 基于进化算法的轴流式叶轮机械叶栅气动优化设计系统的研究. 西安: 西安交通大学, 2006.

[57] 岳珠峰. 航空发动机涡轮叶片多学科设计优化. 北京: 科学出版社, 2007.

[58] 初鹏. 工业汽轮机低压排汽缸气动性能数值计算及改型优化. 大连: 大连理工大学, 2012.

[59] 陈金铨, 杨晓平, 袁浩, 等. 某型燃气轮机排气段支撑型线优化设计研究. 热力透平, 2019, 48(2):134-138.

[60] 初鹏, 刘龙海, 辛小鹏, 等. 轴流排汽缸气动性能数值研究与改型优化. 机电工程, 2014, 31(8):1031-1034.

[61] 赵坚勇, 初鹏, 隋永枫. 基于 SiPESC.OPT 的透平低压排汽缸优化设计计算机辅助工程, 2013, 22(4):29-33, 56.

[62] 丁晨, 隋永枫, 辛小鹏, 等. 高背压大流量空冷汽轮机低压级组叶片设计及优化. 热力透平, 2012, 41(1):31-34.

[63] 杨光海. 汽轮机叶片的安全防护. 北京: 机械工业出版社, 1992.

[64] 杨毅. 汽轮机叶片失效分析及预防. 腐蚀与防护, 2020, (6):62-66.

[65] 徐世斌, 黄伟. 汽轮机叶片腐蚀水蚀原因分析及防范措施. 中国设备工程, 2019, (15):108-110.

[66] 何兴川, 彭紫薇. 汽轮机叶片断裂原因探究. 中国设备工程, 2017, (16):87-88.

[67] 秦文防. 汽轮机叶片损坏事故分析. 通用机械, 2012, (1):76-78.

· 184 ·

[68] 吕伯增, 卢如飞. 低压缸末级叶片断裂原因分析. 发电设备, 2011, 25(4):265-267.

[69] 孙为民, 李留轩. 汽轮机调节级动叶片断裂事故分析及处理. 汽轮机技术, 2006, 48(6):458-459.

[70] 王秉仁, 姜小丽, 张雷. 汽轮机叶片故障分析及诊断方法研究. 煤矿机械, 2005, (12):164-166.

[71] 魏佳明, 蓝吉兵, 隋永枫, 等. 燃气轮机叶片大修周期方案制定. 中国动力工程学会透平专业委员会 2020 年学术研讨会论文集, 2020.